海上絲綢之路基本文獻叢書

幾何原本（一）

〔意〕利瑪竇 口譯／〔明〕徐光啓 筆受

文物出版社

圖書在版編目（CIP）數據

幾何原本．一 /（意）利瑪竇口譯 ；（明）徐光啓筆受．-- 北京 ：文物出版社，2023.3
（海上絲綢之路基本文獻叢書）
ISBN 978-7-5010-7930-8

Ⅰ．①幾… Ⅱ．①利… ②徐… Ⅲ．①歐氏幾何 Ⅳ．① 0181

中國國家版本館 CIP 數據核字 (2023) 第 026248 號

海上絲綢之路基本文獻叢書

幾何原本（一）

譯　　者：〔意〕利瑪竇
策　　劃：盛世博閱（北京）文化有限責任公司

封面設計：鞏榮彪
責任編輯：劉永海
責任印製：王　芳

出版發行：文物出版社
社　　址：北京市東城區東直門内北小街 2 號樓
郵　　編：100007
網　　址：http://www.wenwu.com
經　　銷：新華書店
印　　刷：河北賽文印刷有限公司
開　　本：787mm×1092mm　1/16
印　　張：13
版　　次：2023 年 3 月第 1 版
印　　次：2023 年 3 月第 1 次印刷
書　　號：ISBN 978-7-5010-7930-8
定　　價：90.00 圓

總緒

海上絲綢之路，一般意義上是指從秦漢至鴉片戰争前中國與世界進行政治、經濟、文化交流的海上通道，主要分爲經由黄海、東海的海路最終抵達日本列島及朝鮮半島的東海航綫和以徐聞、合浦、廣州、泉州爲起點通往東南亞及印度洋地區的南海航綫。

在中國古代文獻中，最早、最詳細記載『海上絲綢之路』航綫的是東漢班固的《漢書·地理志》，詳細記載了西漢黄門譯長率領應募者入海『齎黄金雜繒而往』之事，書中所出現的地理記載與東南亞地區相關，并與實際的地理狀况基本相符。

東漢後，中國進入魏晋南北朝長達三百多年的分裂割據時期，絲路上的交往也走向低谷。這一時期的絲路交往，以法顯的西行最爲著名。法顯作爲從陸路西行到印度，再由海路回國的第一人，根據親身經歷所寫的《佛國記》（又稱《法顯傳》）一書，詳細介紹了古代中亞和印度、巴基斯坦、斯里蘭卡等地的歷史及風土人情，是瞭解和研究海陸絲綢之路的珍貴歷史資料。

隨着隋唐的統一，中國經濟重心的南移，中國與西方交通以海路爲主，海上絲綢之路進入大發展時期。廣州成爲唐朝最大的海外貿易中心，朝廷設立市舶司，專門管理海外貿易。唐代著名的地理學家賈耽（七三〇~八〇五年）的《皇華四達記》記載了從廣州通往阿拉伯地區的海上交通『廣州通海夷道』，詳述了從廣州港出發，經越南、馬來半島、蘇門答臘島至印度、錫蘭，直至波斯灣沿岸各國的航綫及沿途地區的方位、名稱、島礁、山川、民俗等。譯經大師義净西行求法，將沿途見聞寫成著作《大唐西域求法高僧傳》，詳細記載了海上絲綢之路的發展變化，是我們瞭解絲綢之路不可多得的第一手資料。

宋代的造船技術和航海技術顯著提高，指南針廣泛應用於航海，中國商船的遠航能力大大提升。北宋徐兢的《宣和奉使高麗圖經》詳細記述了船舶製造、海洋地理和往來航綫，是研究宋代海外交通史、中朝友好關係史、中朝經濟文化交流史的重要文獻。南宋趙汝适《諸蕃志》記載，南海有五十三個國家和地區與南宋通商貿易，形成了通往日本、高麗、東南亞、印度、波斯、阿拉伯等地的『海上絲綢之路』。宋代爲了加强商貿往來，於北宋神宗元豐三年（一〇八〇年）頒布了中國歷史上第一部海洋貿易管理條例《廣州市舶條法》，并稱爲宋代貿易管理的制度範本。

元朝在經濟上採用重商主義政策，鼓勵海外貿易，中國與世界的聯繫與交往非常頻繁，其中馬可·波羅、伊本·白圖泰等旅行家來到中國，留下了大量的旅行記，記録元代海上絲綢之路的盛況。元代的汪大淵兩次出海，撰寫出《島夷志略》一書，記録了二百多個國名和地名，其中不少首次見於中國著録，涉及的地理範圍東至菲律賓群島，西至非洲。這些都反映了元朝時中西經濟文化交流的豐富内容。

明、清政府先後多次實施海禁政策，海上絲綢之路的貿易逐漸衰落。但是從明永樂三年至明宣德八年的二十八年裏，鄭和率船隊七下西洋，先後到達的國家多達三十多個，在進行經貿交流的同時，也極大地促進了中外文化的交流，這些都詳見於《西洋蕃國志》《星槎勝覽》《瀛涯勝覽》等典籍中。

關於海上絲綢之路的文獻記述，除上述官員、學者、求法或傳教高僧以及旅行者的著作外，自《漢書》之後，歷代正史大都列有《地理志》《四夷傳》《西域傳》《外國傳》《蠻夷傳》《屬國傳》等篇章，加上唐宋以來衆多的典制類文獻、地方史志文獻，集中反映了歷代王朝對於周邊部族、政權以及西方世界的認識，都是關於海上絲綢之路的原始史料性文獻。

海上絲綢之路概念的形成，經歷了一個演變的過程。十九世紀七十年代德國地理學家費迪南·馮·李希霍芬(Ferdinad Von Richthofen，一八三三～一九〇五)，在其《中國：親身旅行和研究成果》第三卷中首次把輸出中國絲綢的東西陸路稱爲『絲綢之路』。有『歐洲漢學泰斗』之稱的法國漢學家沙畹(Édouard Chavannes，一八六五～一九一八)，在其一九〇三年著作的《西突厥史料》中提出『絲路有海陸兩道』，蘊涵了海上絲綢之路最初提法。迄今發現最早正式提出『海上絲綢之路』一詞的是日本考古學家三杉隆敏，他在一九六七年出版《中國瓷器之旅：探索海上的絲綢之路》中首次使用『海上絲綢之路』一詞；一九七九年三杉隆敏又出版了《海上絲綢之路》一書，其立意和出發點局限在東西方之間的陶瓷貿易與交流史。

二十世紀八十年代以來，在海外交通史研究中，『海上絲綢之路』一詞逐漸成爲中外學術界廣泛接受的概念。根據姚楠等人研究，饒宗頤先生是中國學者中最早提出『海上絲綢之路』的人，他的《海道之絲路與昆侖舶》正式提出『海上絲路』的稱謂。選堂先生評價海上絲綢之路是外交、貿易和文化交流作用的通道。此後，學者馮蔚然在一九七八年編寫的《航運史話》中，也使用了『海上絲綢之路』一詞，此書更多地限於航海活動領域的考察。一九八〇年北京大學陳炎教授提出『海上絲綢之路』研究，并於一九八一年發表《略論海上絲綢之路》一文。他對海上絲綢之路的理解超越以往，且帶有濃厚的愛國主義思想。陳炎教授之後，從事研究海上絲綢之路的學者越來越多，尤其沿海港口城市向聯合國申請海上絲綢之路非物質文化遺産活動，將海上絲綢之路研究推向新高潮。另外，國家把建設『絲綢之路經濟帶』和『二十一世紀海上絲綢之路』作爲對外發展方針，將這一學術課題提升爲國家願景的高度，使海上絲綢之路形成超越學術進入政經層面的熱潮。

與海上絲綢之路學的萬千氣象相對應，海上絲綢之路文獻的整理工作仍顯滯後，遠遠跟不上突飛猛進的研究進展。二〇一八年厦門大學、中山大學等單位聯合發起『海上絲綢之路文獻集成』專案，尚在醞釀當中。我們不揣淺陋，深入調查，廣泛搜集，將有關海上絲綢之路的原始史料文獻和研究文獻，分爲風俗物産、雜史筆記、海防海事、典章檔案等六個類別，彙編成《海上絲綢之路歷史文化叢書》，於二〇二〇年影印出版。此輯面市以來，深受各大圖書館及相關研究者好評。爲讓更多的讀者親近古籍文獻，我們遴選出前編中的菁華，彙編成《海上絲綢之路基本文獻叢書》，以單行本影印出版，以饗讀者，以期爲讀者展現出一幅幅中外經濟文化交流的精美畫卷，爲海上絲綢之路的研究提供歷史借鑒，爲『二十一世紀海上絲綢之路』倡議構想的實踐做好歷史的詮釋和注脚，從而達到『以史爲鑒』『古爲今用』的目的。

凡例

一、本編注重史料的珍稀性，從《海上絲綢之路歷史文化叢書》中遴選出菁華，擬出版數百册單行本。

二、本編所選之文獻，其編纂的年代下限至一九四九年。

三、本編排序無嚴格定式，所選之文獻篇幅以二百餘頁爲宜，以便讀者閱讀使用。

四、本編所選文獻，每種前皆注明版本、著者。

五、本編文獻皆爲影印，原始文本掃描之後經過修復處理，仍存原式，少數文獻由於原始底本欠佳，略有模糊之處，不影響閱讀使用。

六、本編原始底本非一時一地之出版物，原書裝幀、開本多有不同，本書彙編之後，統一爲十六開右翻本。

目録

幾何原本（一）　序至卷二　〔意〕利瑪竇 口譯　〔明〕徐光啓 筆受
明萬曆三十九年增訂本……………………………………一

幾何原本（一）

幾何原本（一）

序至卷二

〔意〕利瑪竇　口譯　〔明〕徐光啓　筆受

明萬曆三十九年增訂本

刻幾何原本序

唐虞之世自羲和治歷暨司空后稷工虞典樂五官者非度數不爲功周官六藝數與居一焉而五藝者不以度數從事亦不得工也襄曠之於音般墨之於械

豈有他謬巧哉精于用法爾已故
嘗謂三代而上爲此業者咸有元
〻本〻師傳曾習之學而畢喪於
祖龍之燄漢以來多任意揣摩
如盲人射的亂發無效或依擬
形似如持螢燭象得首失尾至

於今而此道盡廢有不得不廢
者矣幾何原本者度數之宗所
以窮方圓平直之情盡規矩準
繩之用也利先生從少年時論
道之暇留意藝學且此業在
彼中所謂師傳曹習者其師

丁氏又絶代名家也以故極精其
說而與不佞游久講譚餘晷時
〻及之因請其象數諸書更以
華文獨謂此書未譯則他書
俱不可得論遂共飜其要約六
卷既卒業而復之由顯入微從

二

疑得信蓋不用爲用衆用所基
真可謂萬象之形囿百家之學
海雖實未竟然以當他書既可
得而論矣私心自謂不意古學
廢絶二千年後頓獲補綴唐
虞三代之闕典遺義其裨益

當世定復不小國偕二三同志刻
而傳之先生曰是書也以當百家
之用庶幾有羲和般墨其人乎
猶其小者有大用於此將以習人之
靈才令細而確也余以謂小用大
用寔在其人如鄧林伐材棟梁

榱桷恣所取之耳顧惟先生之學略有三種大者脩身事天小者格物窮理物理之一端别爲象數一一皆精實典要洞無可疑其分解擘析亦能使人無疑而余乃亟傳其小者趨欲先

其易信使人繹其文想見其意理而知先生之學可信不疑大槩如是則是書之爲用更大矣他所說幾何諸家藉此爲用略具其自叙中不備論吳淞徐光啓書

光啓

徐氏子先

譯幾何原本引

夫儒者之學亟致其知致其知當由明達物理耳物理眇隱人才頑昏不因既明累推其未明吾知奚至哉吾西陬國雖褊小而其庠校所業格物窮理之法視諸列邦爲獨備焉故審究物理之書極繁富也彼士立論宗旨惟尚理之所據弗取人之所意蓋曰理之審乃令我知若夫人之意又令我意耳知之謂謂無疑焉而意猶兼疑也然虛理隱理之論雖據有真指而釋疑不盡者尚可以他理駁爲能引人以是之而不能使人信其無或非也獨實理者明理者剖散心疑能強人不得不是之不復有理以疵之其

所致之知且深且固則無有若幾何一家者矣幾何家者專察物之分限者也其分者若截以爲數則顯物幾何衆也若完以爲度則指物幾何大也其數與度或脫于物體而空論之則數者立算法家度者立量法家也或二者在物體而偕其物議之則議數者如在音相濟爲和而立律呂樂家議度者如在動天迭運爲時而立天文歷家也此四大支流析百泒其一量天地之大若各重天之厚薄日月星體去地遠近幾許大小幾倍地球圍徑道里之數又量山岳與樓臺之高井谷之深兩地相距之遠近土田城郭宮室之廣袤廩庾大器之容藏也其一測景以明四時

之候晝夜之長短日出入之辰以定天地方位歲首三朝
分至啓閉之期閏月之年閏日之月也其一造器以儀天
地以審七政次舍以演八音以自鳴知時以便民用以祭
上帝也其一經理水土木石諸工築城郭作爲樓臺宮殿
上棟下宇疏河注泉造作橋梁如是諸等營建非惟飾美
觀好必謀度堅固更千萬年不圮不壞也其一製機巧用
小力轉大重升高致遠以運芻糧以便泄注乾水地水乾
地以上下舫舶如是諸等機器或借風氣或依水流或用
輪盤或設關捩或恃空虛也其一察目視勢以遠近正邪
高下之差照物狀可畫立圓立方之度數于平版之上可

遠測物度及眞形畫小使目視大畫近使目視遠畫圖使目視球畫像有坳突畫室屋有明闇也其一爲地理者自輿地山海全圖至五方四海方之各國海之各島一州一郡僉布之簡中如指掌焉全圖與天相應方之圖與全相接宗與支相稱不錯不紊則以圖之分寸尺尋知地海之百千萬里因小知大因邇知遐不悞觀覽爲陸海行道之指南也此類皆幾何家正屬矣若其餘家大道小道無不藉幾何之論以成其業者夫爲國從政必熟邊境形勢外國之道里遠近壤地廣狹乃可以議禮賓來往之儀以虞不虞之變不爾不妄懼之必悞輕之矣不計筭本國生耗

出入錢穀之凡無以謀其政事自不知天文而特信他人傳說多爲僞術所亂惑也農人不豫知天時無以播殖百嘉種無以備旱乾水溢之災而保國本也醫者不知察日月五星躔次與病體相視乖和逆順而妄施藥石針砭非徒無益抑有大害故時見小恙微痾神藥不効少壯多夭折蓋不明天時故耳商賈懵于計會則百貨之貿易子母之入出儕類之衰分咸晦混或欺其偶或受其偶欺均不可也今不暇詳諸家借幾何之術者惟兵法一家國之大事安危之本所須此道尤最亟焉故智勇之將必先幾何之學不然者雖智勇無所用之彼天官時日之屬豈良將

所留心乎良將所急先計軍馬芻粟之盈詘道里地形之遠近險易廣狹死生次計列營布陣形勢所宜或用圓形以示寡或用角形以示衆或爲却月象以圍敵或作銳勢以潰散之其次策諸攻守器械熟計便利展轉相勝新新無已備觀列國史傳所載誰有經營一新巧机器而不爲戰勝守固之藉者乎以衆勝寡强勝弱奚貴以寡弱勝衆强非智士之神力不能也以余所聞吾西國千六百年前天主教未大行列國多相并兼其間英士有能以羸少之卒當十倍之師守孤危之城禦水陸之攻如中夏所稱公輸墨翟九攻九拒者時時有之彼操何術以然熟于幾何

之學而已以是可見此道所關世用至廣至急也是故經世之雋偉志士前作後述不絕于世時時紹明增益論撰綦爲盛隆焉乃至中古吾西庠特出一聞士名曰歐几里得修幾何之學邁勝先士而開迪後進其道益光所制作甚衆甚精生平著書了無一語可疑惑者其幾何原本一書尤確而當曰原本者明幾何之所以然凡爲其說者無不由此出也故後人稱之曰歐几里得以他書踰人以此書踰已今詳味其書規摹次第洵爲奇矣題論之首先標界說次設公論題論所據次乃具題題有本解有作法有推論先之所徵必後之所恃十三卷中五百餘題一脉貫

通卷與卷題與題相結倚一先不可後一後不可先纍纍交承至終不絕也初言實理至易至明漸次積累終竟乃發奧微之義若暫覩後來一二題旨即其所言人所難測亦所難信及以前題爲據層層印證重重開發則義如列眉往往釋然而失笑矣千百年來非無好勝強辯之士終身力索不能議其隻字若夫從事幾何之學者雖神明天縱不得不藉此爲階梯焉此書未達而欲坐進其道非但學者無所措其意即教者亦無所指其口也吾西庠如向所云幾何之屬幾百家爲書無慮萬卷皆以此書爲基每立一義即引爲證據焉用他書證者必標其名用此書證

者直云某卷某題而已視爲幾何家之日用飲食也至今世又復崛起一名士爲竇所從學幾何之本師曰丁先生開廓此道益多著述竇昔游西海所過名邦每遘顓門名家輒言後世不可知若今世以前則丁先生之于幾何無兩也先生于此書覃精已久既爲之集解又復推求續補凡二卷與元書都爲十五卷每卷之中因其義類各造新論然後此書至詳至備爲後學津梁殆無遺憾矣竇自入中國竊見爲幾何之學者其人與書信自不乏獨未覩有原本之論既闕根基遂難剏造即有斐然述作者亦不能推明所以然之故其是者已亦無從別白有謬者人

亦無從辨正當此之時遽有志繙譯此書質之當世賢人君子用酧其嘉信旅人之意也而才既菲薄且東西文理又自絕殊字義相求仍多闕畧了然于口尚可勉圖肆筆爲文便成艱澁矣嗣是以來屢逢志士左提右挈而每患作輟三進三止嗚呼此游藝之學言象之粗而齟齬若是允哉始事之難也有志竟成以需今日歲庚子竇因貢獻僑邸燕臺癸卯冬則吳下徐太史先生來太史既自精心長于文筆與旅人輩交游頗久私計得與對譯成書不難于時以計偕至及春薦南宮選爲庶常然方讀中秘書時得晤言多咨論

天主大道以修身昭事爲急未遑此土苴之業也客秋乃詢西庠舉業余以格物實義應及譚幾何家之說余爲述此書之精且陳繙譯之難及向來中輟狀先生曰吾先正有言一物不知儒者之耻今此一家已失傳爲其學者皆闇中模索耳既遇此書又遇子不驕不吝欲相指授豈可畏勞玩日當吾世而失之嗚呼吾避難難自長大吾迎難難自消微必成之先生就功命余口傳自以筆受焉反覆展轉求合本書之意以中夏之文重復訂政凡三易稿先生勤余不敢承以怠迄今春首其最要者前六卷獲卒業矣但歐几里得本文已不遺旨若丁先生之文惟譯註首

論耳太史意方鋭欲竟之余曰止請先傳此使同志者習之果以爲用也而後徐計其餘太史曰然是書也苟爲用竟之何必在我遂輟譯而梓是謀以公布之不忍一日私藏焉梓成竇爲撮其大意弁諸簡端自顧不文安敢竊附述作之林盖聊叙本書指要以及翻譯因起使後之習者知夫創通大義縁力俱艱相共增脩以終美業庶俾開濟之士究心實理于向所陳百種道藝咸精其能上爲
國家立功立事即竇輩数年來旅食大官受
恩深厚亦得藉手萬分之一矣

萬曆丁未泰西利瑪竇謹書

考訂校閱姓氏

雲間許樂善

錫山周炳謨

南海張　萱

齊安黃建衷

槜李姚士慎

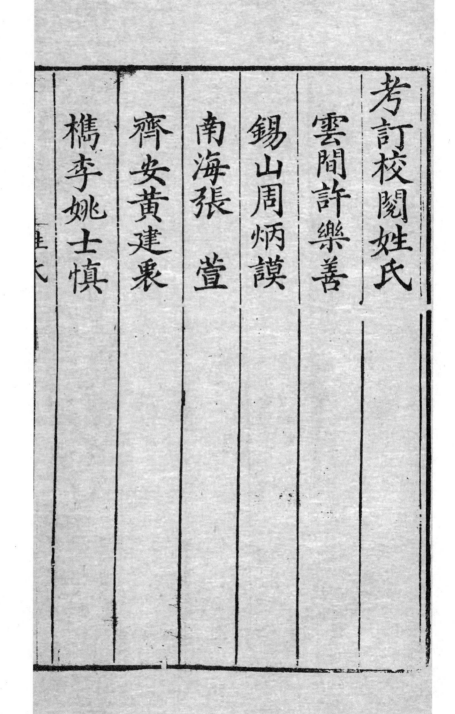

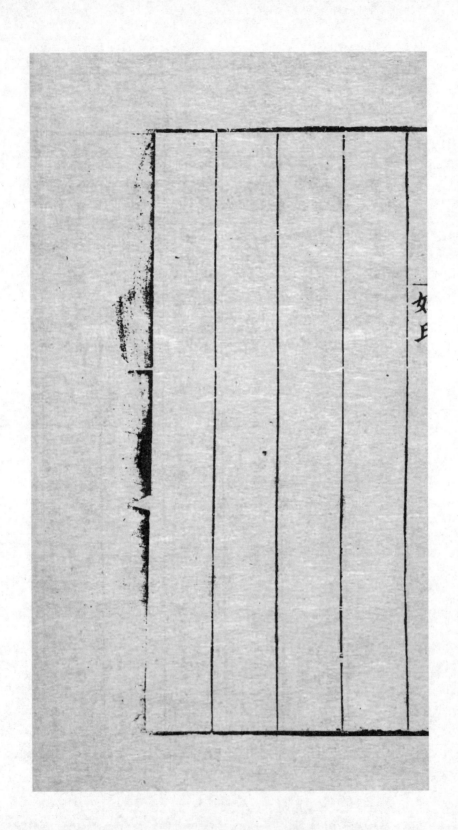

幾何原本雜議

下學工夫有理有事此書爲益能令學理者袪其浮氣練

其精心學事者資其定法發其巧思故舉世無一人不

當學聞西國古有大學師門生常數百千人來學者先

問能通此書乃聽入何故欲其心思細密而已其門下

所出名士極多

能精此書者無一事不可精好學此書者無一事不可學

凡他事能作者能言之不能作者亦能言之獨此書爲用

能言者即能作者若不能作自是不能言何故言時一

毫未了向後不能措一語何由得妄言之以故精心此

學不無知言之功

凡人學問有解得一半者有解得十九或十一者獨幾何之學通即全通蔽即全蔽更無高下分數可論人具上資而意理疎莽即上資無用人具中材而心思縝密即中材有用能通幾何之學縝密甚矣故率天下之人而歸於實用者是或其所由之道也

此書有四不必不必疑不必揣不必試不必改有四不可得欲脫之不可得欲駁之不可得欲減之不可得欲前後更置之不可得有三至三能似至晦實至明故能以其明明他物之至晦似至繁實至簡故能以其簡簡他

物之至繁似至難實至易故能以易易他物之至難易
生于簡簡生于明綜其妙在明而已
此書爲用至廣在此時尤所急須余譯竟隨偕同好者梓
傳之利先生作叙亦最喜其亟傳也意皆欲公諸人人
令當世亟習焉而習者蓋寡竊意百年之後必人人習
之即又以爲習之晚也而謬謂余先識余何先識之有
有初覽此書者疑奧深難通仍謂余當顯其文句余對之
度數之理本無隱奧至于文句則爾日推敲再四顯明
極矣倘未及留意望之似奧深焉譬行重山中四望無
路及行到彼蹊徑歷然請假旬日之功一究其旨即知

諸篇自首迄尾悉皆顯明文句

吴淞徐光啓記

九

題幾何原本再校本

是書刻于丁未歲板留京師戊申春利先生以校正本見寄令南方有好事者重刻之累年來竟無有校本留寘家塾曁庚戌北上先生沒矣遺書中得一本其別後所自業者校訂皆手跡追惟篝燈函丈時不勝人琴之感其友龎熊兩先生遂以見遺庋置久之辛亥夏季積雨無聊屬都下方爭論歷法事余念牙絃一輟行復五年恐遂遺忘因偕二先生重閱一過有所增定比于前刻差無遺憾矣續成大業未知何日未知何人書以竢焉

吳淞徐光啓

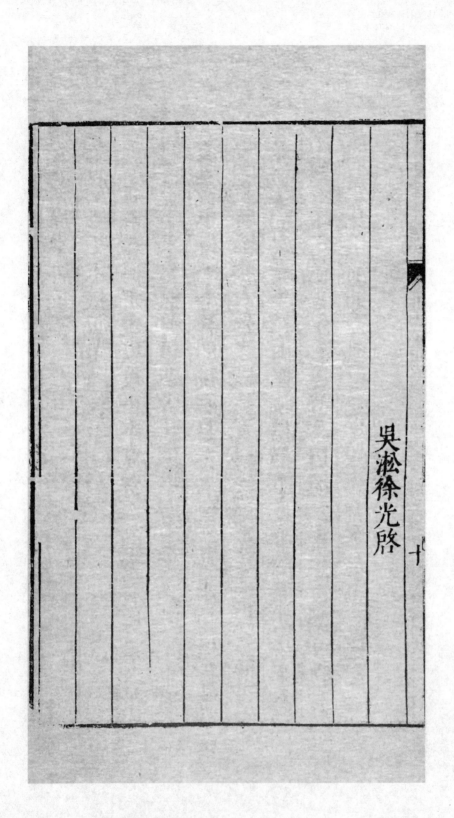

幾何原本第一卷之首 界說三十六 公論十九 求作四

泰西利瑪竇口譯

吳淞徐光啓筆受

界說三十六則

凡造論，先當分別解說論中所用名目，故曰界說。

凡歷法、地理、樂律、筭章、技藝、工巧諸事，有度有數者，皆依賴十府中幾何府屬。凡論幾何，先從一點始，自點引之爲線，線展爲面，面積爲體，是名三度。

第一界

點者無分

無長短廣狹厚薄　如下圖凡圖十干爲識。干盡用十二支。支盡用八卦八音

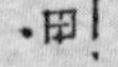

第二界

線有長無廣

試如一平面光照之。有光無光之間。不容一物。是線也

眞平眞圜相遇。其遇處止有一點。行則止有一線

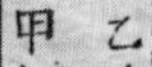

線有直有曲

第三界

線之界是點凡線有界者。兩界必是點

第四界

直線止有兩端兩端之間上下更無一點

兩點之間至徑者直線也稍曲則繞而長矣

直線之中點能遮兩界

凡量遠近皆用直線

甲乙丙是直線甲丁丙甲戊丙甲巳丙皆是曲線

第五界

面者止有長有廣

一體所見爲面

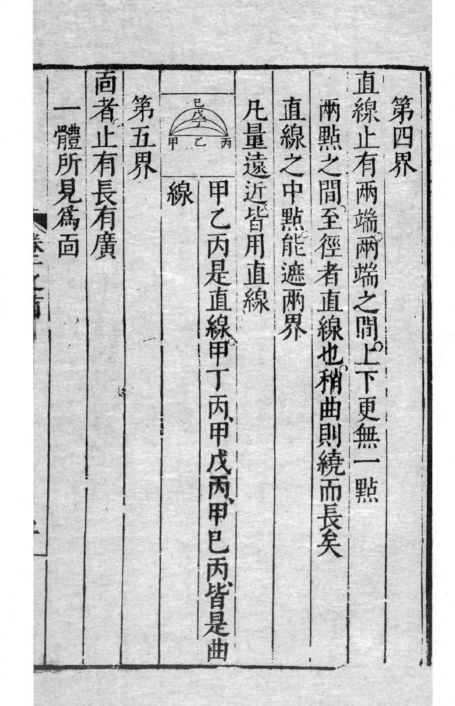

凡體之影極似于面（無厚之極）

想一線橫行所留之迹即成面也

第六界

面之界是線

第七界

平面一面平在界之內

平面中間線能遮兩界

平面者諸方皆作直線

試如一方面用一直繩施于一角繞面運轉

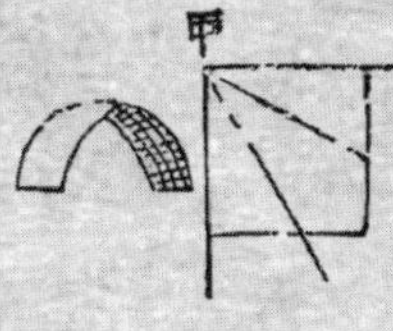

不礙不空是平面也

若曲面者則中間線不遮兩界

第八界

平角者兩直線于平面縱橫相遇交接處

凡言甲乙丙角皆指平角

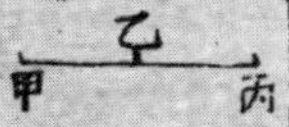

如上甲乙乙丙二線平行相遇不能作角

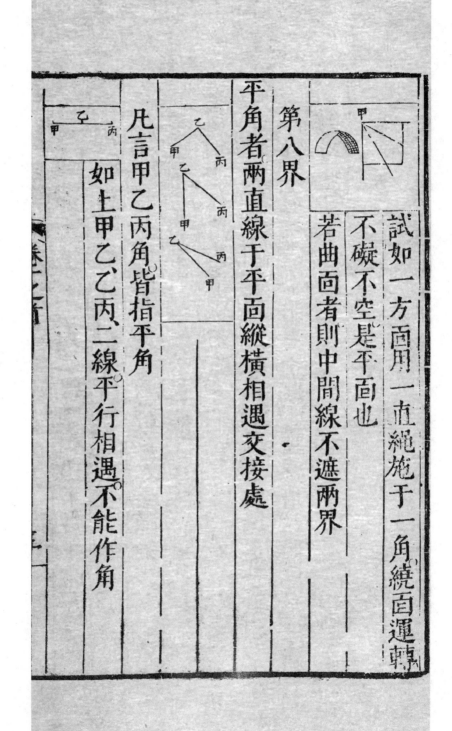

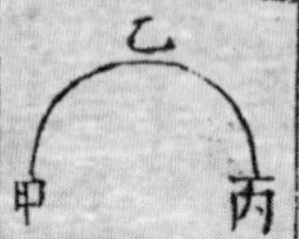

如上甲乙乙丙二線雖相遇不作平角爲是曲線

所謂角止是兩線相遇不以線之大小較論

第九界

直線相遇作角爲直線角

平地兩直線相遇爲直線角本書中所論止是直線角

但作角有三等今附著于此一直線角二曲線角三雜線角　如下六圖

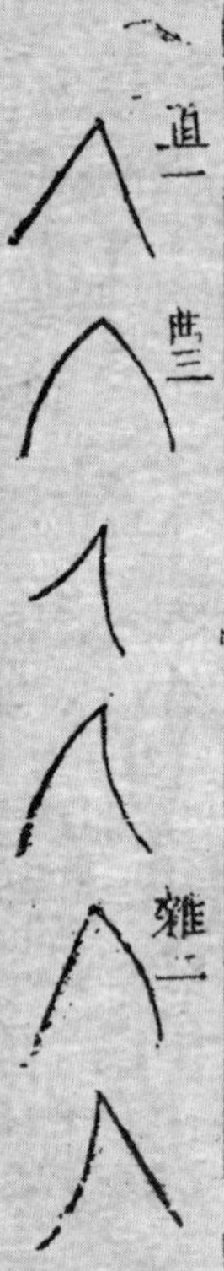

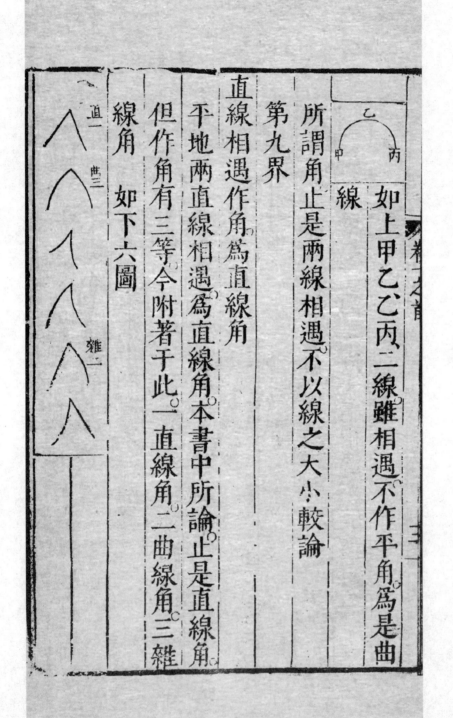

第十界

直線垂于橫直線之上。若兩角等。必兩成直角。而直線下垂者。謂之橫線之垂線

量法常用兩直角。及垂線。垂線加于橫線之上。必不作鋭角及鈍角

若甲乙線至丙丁上。則乙之左右作兩角相等。爲直角。而甲乙爲垂線

若甲乙爲橫線。則丙丁又爲甲乙之垂線。何者。丙乙與甲乙相遇。雖止一直角。然甲線若垂下過乙。則丙線上下定成兩直角。所以丙乙亦爲甲乙之垂線如今用矩尺。一縱一

橫互相爲直線
互相爲垂線

凡直線上有兩角相連是相等者定俱直角中間線爲垂線

反用之若是直角則兩線定俱是垂線

第十一界

凡角大于直角爲鈍角

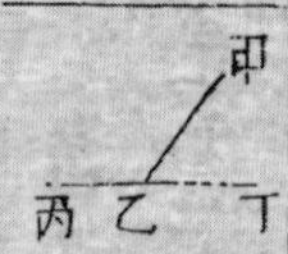

如甲乙丙角與甲乙丁角不等而甲乙丙大于甲乙丁則甲乙丙爲鈍角

第十二界

凡角小于直角爲銳角

如前圖甲乙丁是

通上三界論之。直角一而已。鈍角銳角。其大小不等。乃至無數

是後凡指言角者。俱用三字爲識。其第二字。即所指角也。如前圖甲乙丙三字。第二乙字。即所指鈍角。若言甲乙丁。即第二乙字是所指銳角。

第十三界

界者。一物之始終

今所論有三界。點爲線之界。線爲面之界。面爲體之界。體不可爲界

第十四界

或在一界、或在多界之間。爲形

一界之形。如平圓立圓等物。多界之形。如平方、立方及平立三角、六八角、等物　圖見後卷

第十五界

圜者。一形于平地居一界之間。自界至中心作直線俱等

若甲乙丙爲圜。丁爲中心。則自甲至丁、與乙至丁、丙至丁。其線俱等

外圓線爲圜之界、內形爲圜

一說圜是一形。乃一線屈轉一周、復于元處所作。如上

圖甲丁線轉至乙丁。乙丁轉至丙丁。丙丁又至甲丁。復
元處。其中形即成圜

第十六界

圜之中處。為圜心

第十七界

自圜之一界作一直線。過中心至他界。為圜徑。徑分圜兩
平分

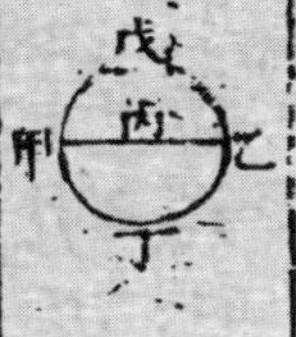

甲丁乙戊圜。自甲至乙。過丙心。作一直線。為
圜徑

第十八界

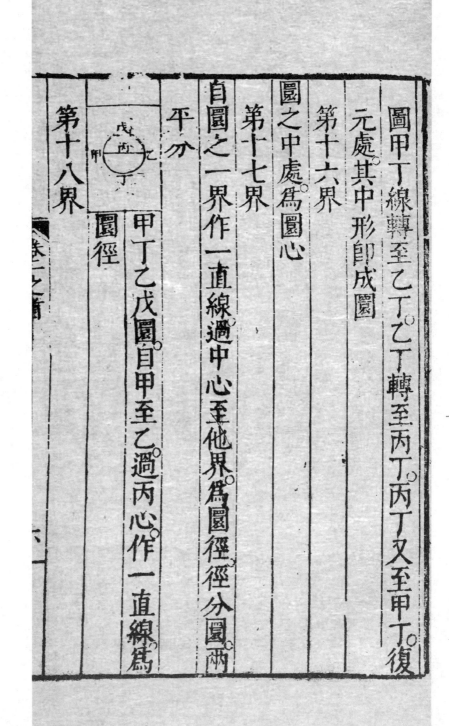

徑線與半圜之界所作形爲半圜

第十九界

在直線界中之形爲直線形

第二十界

在三直線界中之形爲三邊形

第二十一界

在四直線界中之形爲四邊形

第二十二界

在多直線界中之形爲多邊形五邊以上俱是

第二十三界

三邊形。三邊線等。爲平邊三角形

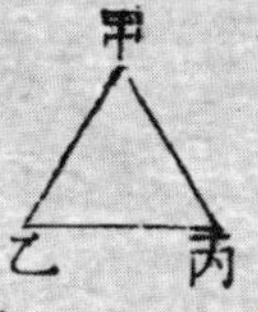

第二十四界

三邊形有兩邊線等。爲兩邊等三角形或銳或鈍

第二十五界

三邊形。三邊線俱不等。爲三不等三角形

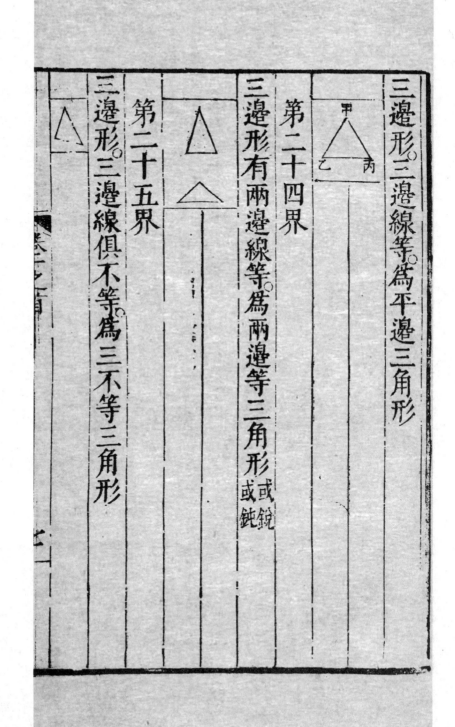

第二十六界

三邊形有一直角爲三邊直角形

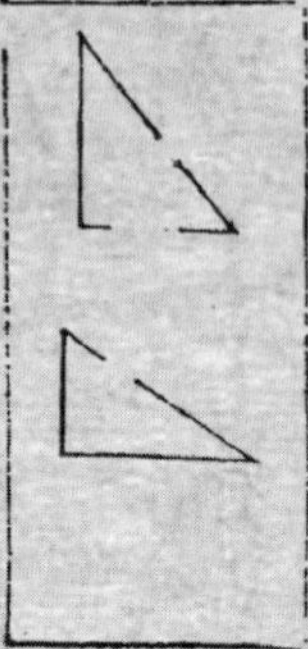

第二十七界

三邊形有一鈍角爲三邊鈍角形

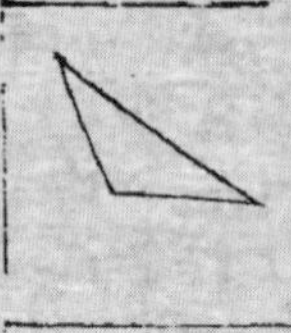

第二十八界

三邊形有三銳角爲三邊各銳角形

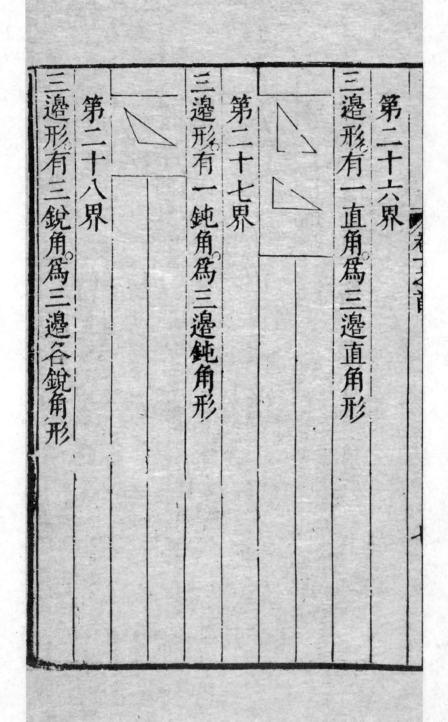

凡三邊形。恒以在下者爲底。在上二邊爲腰

第二十九界

四邊形。四邊線等而角直。爲直角方形

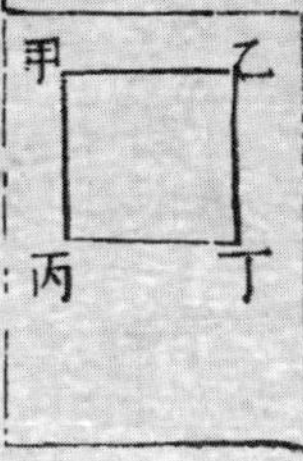

第三十界

直角形。其角俱是直角。其邊兩兩相等

如上甲乙丙丁形。甲乙邊與丙丁邊自相等。甲丙與乙丁自相等

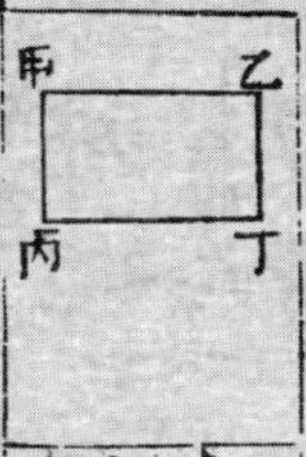

第三十一界

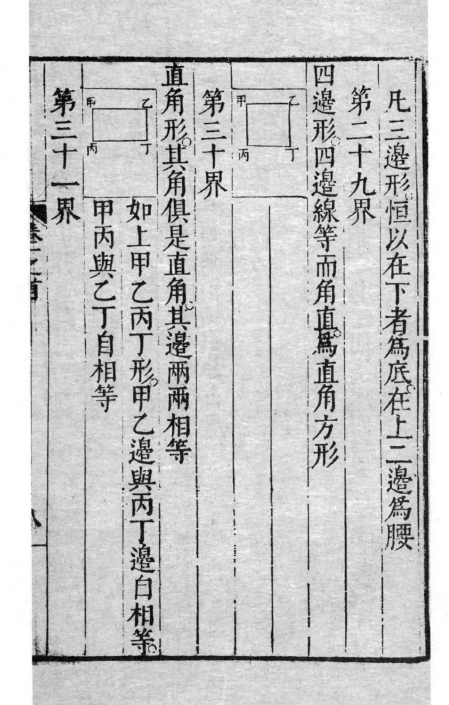

斜方形。四邊等。但非直角

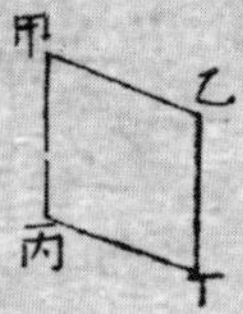

第三十二界

長斜方形。其邊兩兩相等。但非直角

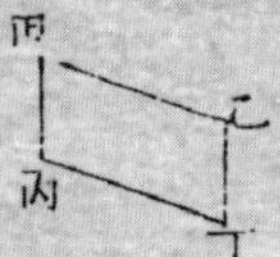

第三十三界

已上方形四種謂之有法四邊形。四種之外。他方形皆謂之無法四邊形

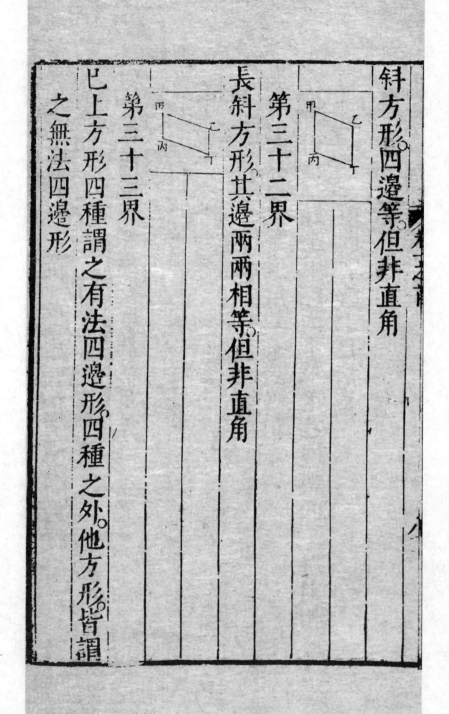

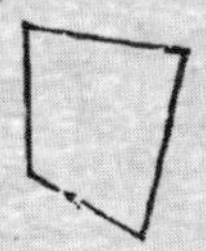

第三十四界

兩直線于同面行至無窮。不相離。亦不相遠。而不得相遇

爲平行線

第三十五界

一形。每兩邊有平行線。爲平行線方形

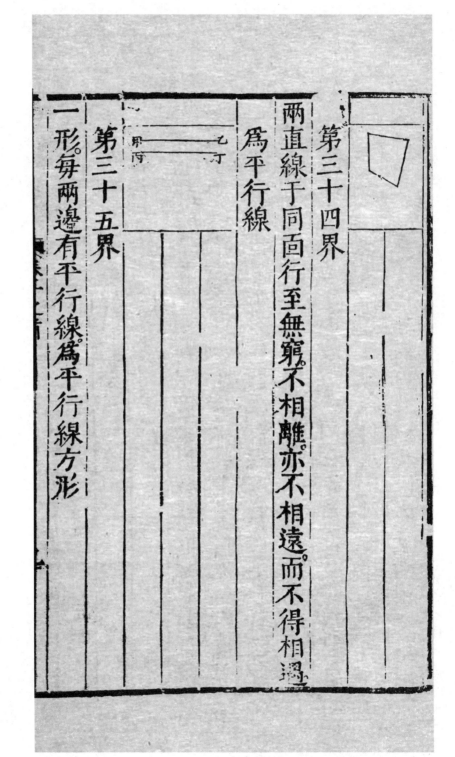

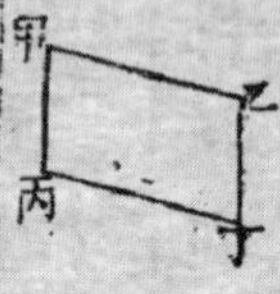

第三十六界

凡平行線方形若于兩對角作一直線其直線爲對角線又于兩邊縱横各作一平行線其兩平行線與對角線交羅相遇卽此形分爲四平行線方形其兩形有對角線者爲角線方形其兩形無對角線者爲餘方形

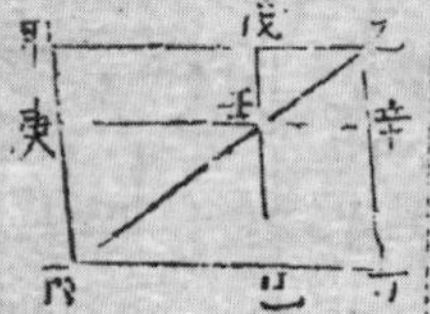

甲乙丁丙方形于丙乙兩角作一線爲對角線又依乙丁平行作戊己線依甲乙平行作庚辛線其對角線與戊己庚辛兩線交羅相

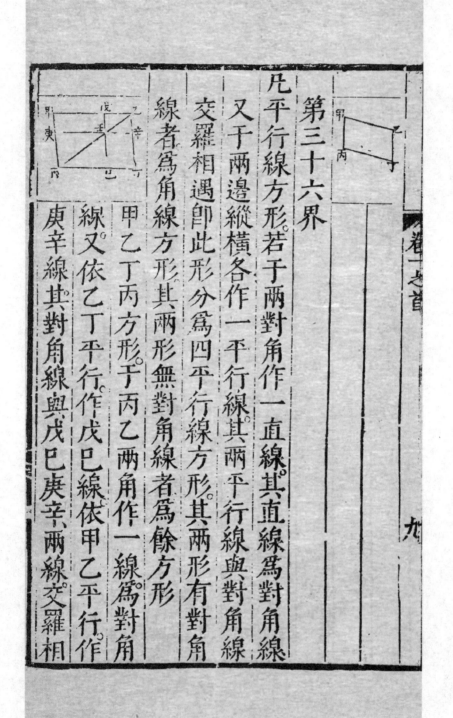

遇于壬。即作大小四平行線方形矣。則庚壬巳丙、及戊壬辛乙、兩方形。謂之角線方形。而甲庚壬戊、及壬巳丁辛。謂之餘方形

求作四則

求作者。不得言不可作

第一求

自此點至彼點。求作一直線

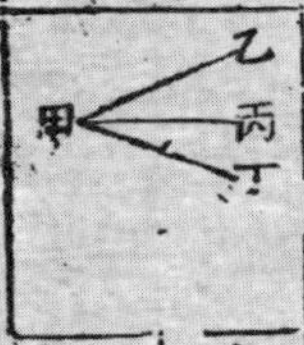

此求亦出上篇。蓋自此點直行至彼點。即是直線

自甲至乙。或至丙。至丁。俱可作直線

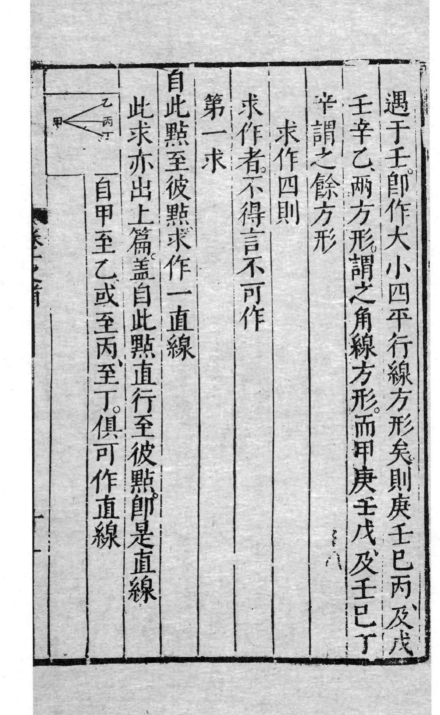

第二求

一有界直線求從彼界直行引長之

如甲乙線從乙引至丙或引至丁俱一直行

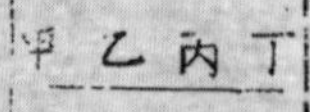

第三求

不論大小以點爲心求作一圜

第四求

設一度于此求作彼度較此度或大或小凡言度者或線或面或體皆是

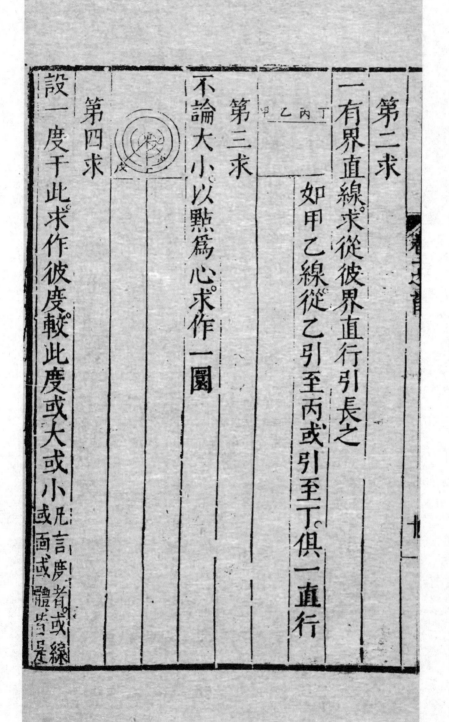

或言較小作大可作較大作小不可作何者小之至極數窮盡故也此說非是凡度與數不同數者可以長不可以短長數無窮短數有限如百數減半成五十減之又減至一而止一以下不可損矣自百以上增之可至無窮故曰可長不可短也度者可以長亦可以短長者增之可至無窮短者減之亦復無盡嘗見莊子稱一尺之棰日取其半萬世不竭亦此理也何者自有而分不免爲有若減之可盡是有化爲無也有化爲無猶可言也令已分者更復合之合之又合仍爲尺棰是始合之初兩無能幷爲一有也兩無

能并爲一有不可言也

公論十九則

公論者不可疑

第一論

設有多度彼此俱與他等則彼與此自相等

第二論

有多度等若所加之度等則合并之度亦等

第三論

有多度等若所减之度等則所存之度亦等

第四論

有多度不等。若所加之度等。則合并之度不等

第五論

有多度不等。若所減之度等。則所存之度不等

第六論

有多度俱倍于此度。則彼多度俱等

第七論

有多度俱半于此度。則彼多度亦等

第八論

有二度自相合。則二度必等以一度加一度之上

第九論

全大于其分加一尺大于一寸。寸者全尺中十分中之一分也

第十論

直角俱相等見界說十

第十一論

有二橫直線。或正或偏。任加一縱線。若三線之間。同方兩角。小于兩直角。則此二橫直線。愈長愈相近。必至相遇

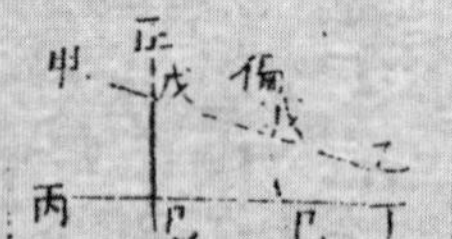

甲乙丙丁二橫直線。任意作一戊巳縱線。或正或偏。若戊巳線旁同方兩角。俱小于直角。或并之小于兩直角。則甲乙丙丁線。愈長愈相近。必有相遇之處

欲明此理宜察平行線不得相遇者界說卅四加一垂線即三線之間定爲直角便知此論兩角小于直角者其行不得不相遇矣

第十二論

两直線不能爲有界之形

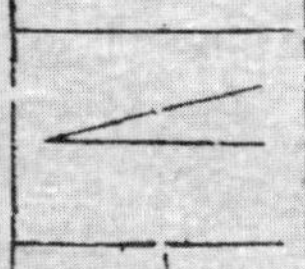

第十三論

两直線止能于一點相遇

如云線長界近相交不止一點試于丙乙二界各出直

線交于丁。假令其交不止一點。當引至甲。則

甲丁乙宜爲甲丙乙圜之徑。而甲丁丙亦如

之界說十七夫甲丁乙圜之右半也。而甲丁丙亦右半也。界說

十七甲丁乙爲全。甲丁丙爲其分。而俱稱右半。是全與其

分等也。本篇九

第十四論

有幾何度等。若所加之度各不等。則合并之差與所加之

差等

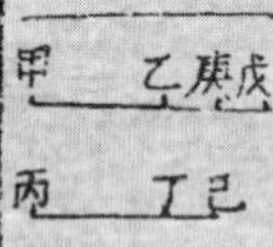

甲乙丙丁線等。于甲乙加乙戊。于丙丁加丁巳。

則甲戊大于丙巳者。庚戊線也。而乙戊大于丁

己亦如之

第十五論

有幾何度不等。若所加之度等。則合并所贏之度。與元所贏之度等

如上圖反說之。戊乙己丁線不等。于戊乙加乙甲。于己丁加丁丙。則戊甲大于己丙者。戊庚線也。而戊乙大于己丁。亦如之

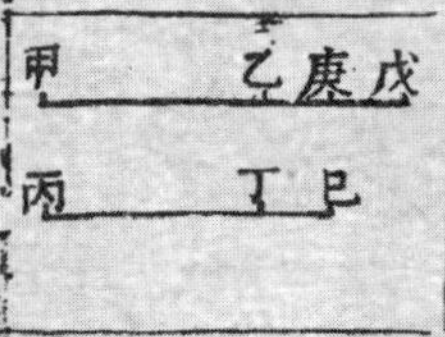

第十六論

有幾何度等。若所減之度不等。則餘度所贏之度。與減去所贏之度等

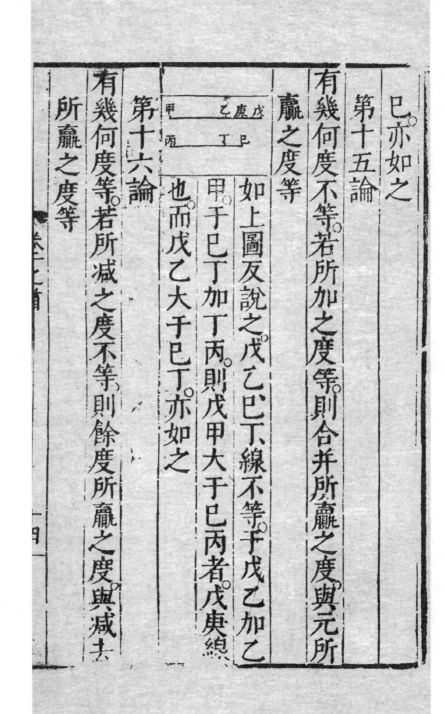

甲乙丙丁線等。于甲乙減戊乙。于丙丁減巳丁。則乙戊大于丁巳者。庚戊也。而丙巳大于甲戊亦如之

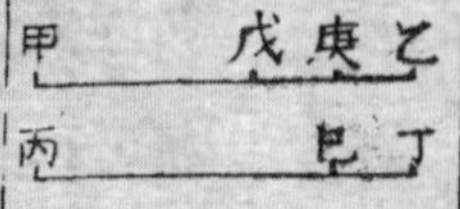

第十七論

有幾何度不等。若所減之度等。則餘度所贏之度。與元所贏之度等

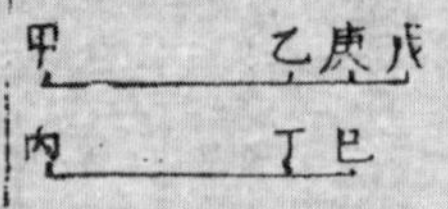

如十四論反說之。甲戊丙巳線不等。于甲戊減甲乙。于丙巳減丙丁。則乙戊長于丁巳者。亦庚戊也。與甲戊長于丙巳者等矣

第十八論

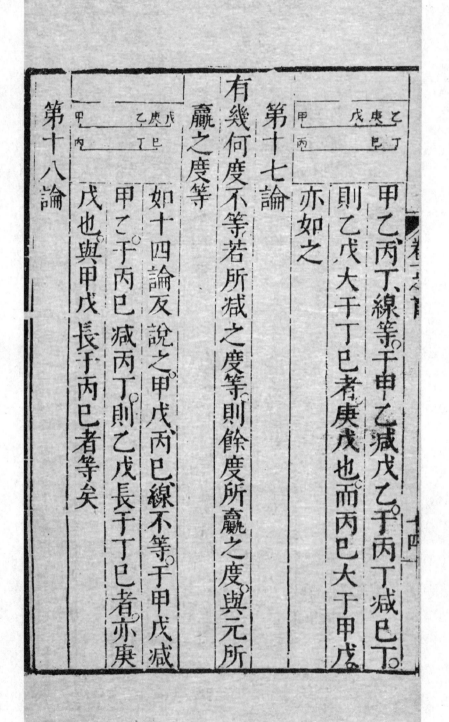

全與諸分之并等

第十九論

有二全度。此全倍于彼全。若此全所減之度。倍于彼全所減之度。則此較亦倍于彼較相減之餘曰較

如此度二十。彼度十。于二十減六。于十減三。則此較十四。彼較七

幾何原本第一卷之首終

卷一之首

十五

幾何原本第一卷

本篇論三角形　計四十八題

泰西利瑪竇口譯
吳淞徐光啓筆受

第一題

于有界直線上求立平邊三角形

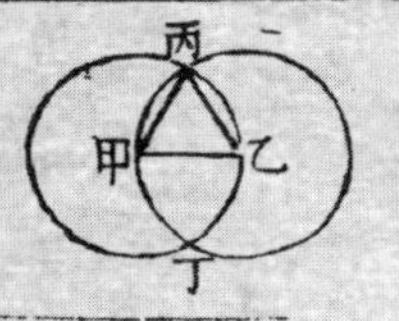

法曰甲乙直線上求立平邊三角形先以甲爲心乙爲界作丙乙丁圜次以乙爲心甲爲界作丙甲丁圜兩圜相交于丙于丁末自甲至丙丙至乙各作直線即甲乙丙爲平邊三角形

論曰以甲爲心至圜之界其甲乙線與甲丙甲丁線等

以乙爲心。則乙甲線與乙丙乙丁線亦等。何者。凡爲圜。自心至界。各線俱等故（界說十五）既乙丙等于乙甲。而甲丙亦等于甲乙。即甲丙亦等于乙丙（公論一）三邊等。如所求（凡論有二種。此以是爲論者。正論也。下倣此）

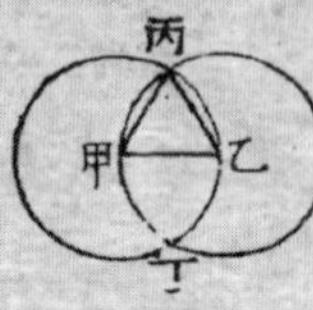

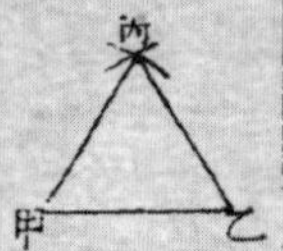

其用法。不必作兩圜。但以甲爲心。乙爲界。作近丙一短界線。乙爲心。甲爲界。亦如之。兩短界線交處。即得丙

諸三角形俱推前用法作之（詳本篇廿二）

第二題

一直線線或內或外有一點。求以點爲界。作直線。與元線

等

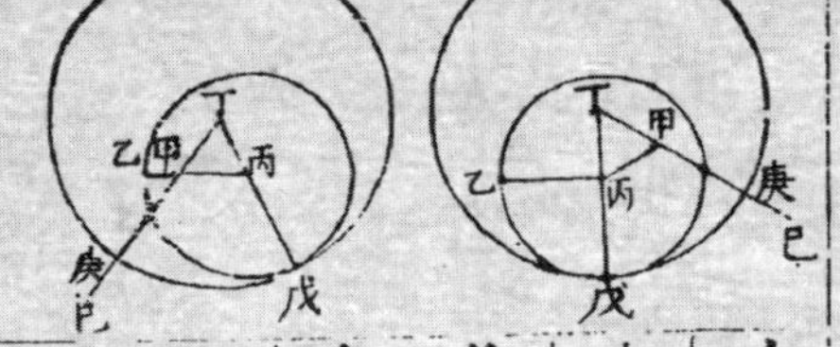

法曰。有甲點、及乙丙線。求以甲爲界。作一線。與乙丙等。先以丙爲心。乙爲界（乙爲心。丙爲界。亦可作）作丙乙圜（第三求）次觀甲點。若在丙乙之外。則自甲至丙。作甲丙線（第一求）如上前圖。或甲在丙乙之內。則截取甲至丙一分線。如上後圖。兩法俱以甲丙線爲底。任于上下。作甲丁丙平邊三角形（本篇一）次自三角形兩腰線引長之（第二求）其丁丙引至丙乙圜界而止。爲丙戊線。其丁甲、引之出丙乙圜外、稍長。爲甲巳線。末以丁爲心。戊爲界。作丁戊圜。

其甲巳線、與丁戊圜相交于庚。即甲庚線與乙丙線等

論曰。丁戊、丁庚線。同以丁爲心。戊庚爲界。故等（界說十五）于丁戊線、減丁丙。丁庚線、減丁甲。其所減兩腰線等。則所存亦等（三公論）夫丙戊與丙乙同以丙爲心。戊乙爲界。亦等（界說十五）即甲庚與丙乙、等（一公論）

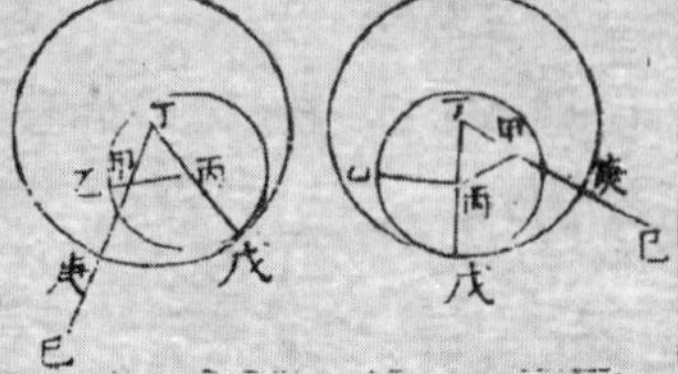

若所設甲點。即在丙乙線之一界。其法尤易。假如點在丙。即以丙爲心。作乙戊圜。從丙至戊。即所求

第三題

兩直線。一長一短。求于長線。減去短線之度

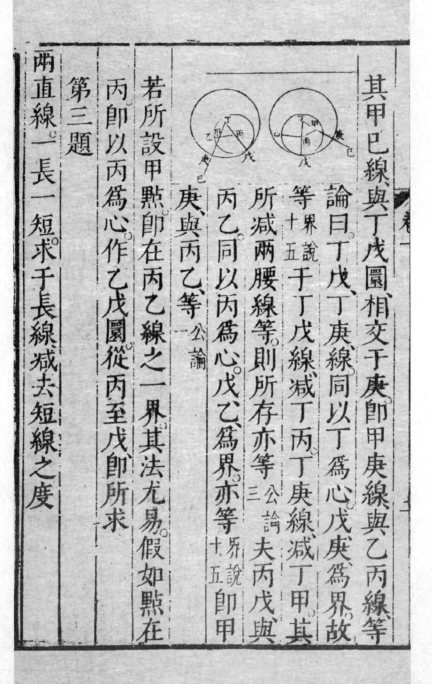

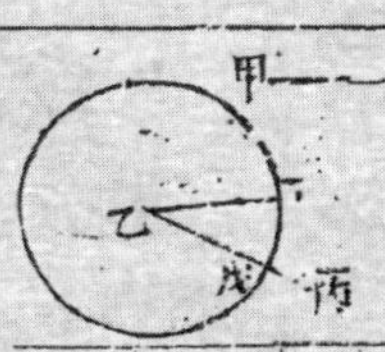

法曰甲短線乙丙長線求于乙丙減甲先以甲爲度從乙引至別界作乙丁線（本篇二）次以乙爲心丁爲界作圜（第三求）圜界與乙丙交于戊即乙戊與等甲之乙丁等蓋乙丁乙戊同心同圜故（界說十五）

第四題

兩三角形若相當之兩腰線各等各兩腰線間之角等則兩底線必等而兩形亦等其餘各兩角相當者俱等

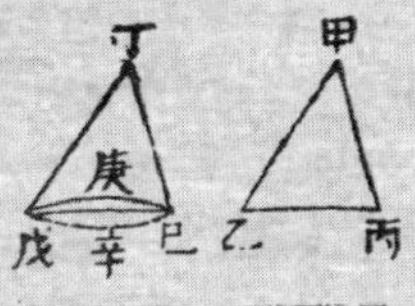

解曰甲乙丙丁戊巳兩三角形之甲與丁兩角等甲丙與丁巳兩線甲乙與丁戊兩線各等題言乙丙與戊巳兩底線必等而兩三角形亦等

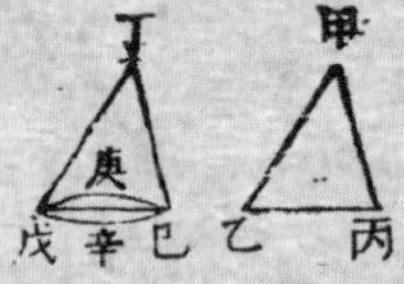

甲乙丙、與丁戊巳兩角。甲丙乙、與丁巳戊、兩角。俱等

論曰。如云乙丙、與戊巳、不等。卽令將甲角置丁角之上。兩角必相合。無大小。甲丙、與丁巳。甲乙、與丁戊。亦必相合。無大小（公論八）此二俱等。而云乙丙、與戊巳、不等。必乙丙底或在戊巳之上。爲庚。或在其下。爲辛矣。戊巳既爲直線。而戊庚巳又爲直線。則兩線當別作一形。是兩線能相合爲形也。辛倣此（公論十二。此以非爲論者駁論也。下倣此）

第五題

三角形。若兩腰等。則底線兩端之兩角等。而兩腰引出之。

其底之外兩角亦等

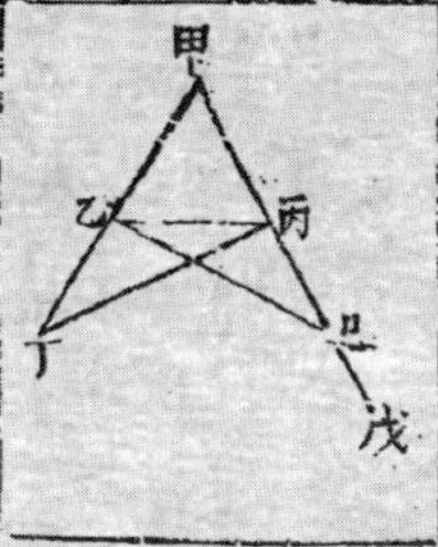

解曰甲乙丙三角形其甲丙與甲乙兩腰等題言甲丙乙與甲乙丙兩角等又自甲丙線任引至戊甲乙線任引至丁其乙丙戊與丙乙丁兩外角亦等

論曰試如甲戊線稍長卽從甲戊截取一分與甲丁等爲甲己本篇三次自丙至丁乙至己各作直線第一求卽甲己乙甲丁丙兩三角形必等何者此兩形之甲角同甲己與甲丁兩腰又等甲乙與甲丙兩腰又等則其底丙丁與乙己必等兩底線兩端相當之各兩角亦等矣本篇

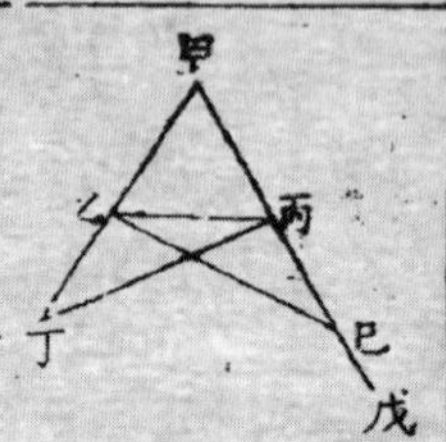

四又乙丙巳與丙乙丁、兩三角形亦等。何者。此兩形之丙丁乙、與乙巳丙、兩角既等。本論而甲巳、甲丁、兩腰各減相等之甲丙、甲乙、線。即所存丙巳、乙丁、兩腰又等三公論丙丁、與乙巳、兩底又等本論又乙丙同腰。即乙丙丁、與丙乙巳、兩角亦等也。則丙之外、乙丙巳角、與乙之外、丙乙丁角必等矣本篇

四次觀甲乙巳、與甲丙丁、兩角既等。于甲乙巳減丙乙巳角甲丙丁、減乙丙丁角。則所存甲丙乙、與甲乙丙、兩角必等三公論

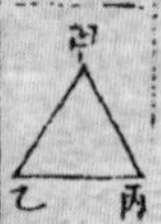

增從前形、知三邊等形。其三角俱等。

第六題

三角形。若底線兩端之兩角等。則兩腰亦等

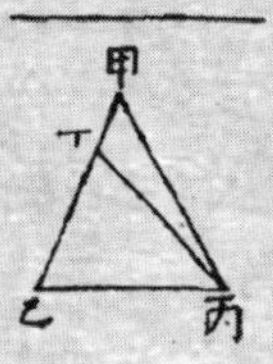

解曰。甲乙丙三角形。其甲乙丙、與甲丙乙、兩角等。題言甲乙、與甲丙兩腰亦等

論曰。如云兩腰線不等。而一長一短。試辯之。若甲乙為長線。即令比甲丙線。截去所長之度。為乙丁線。而乙丁、與甲丙等本篇三次自丁至丙作直線。則本形成兩三角形。其一為甲乙丙。其一為丁乙丙。而甲乙丙全形、與丁乙丙分形同也。是全與其分等也公論九何者。彼言丁乙丙分形之乙丁、與甲乙丙全形之甲丙、兩線既等。丁乙

丙分形之乙丙，與甲乙丙全形之乙丙，又同線。而元設丁乙丙，與甲丙乙兩角等，則丁乙丙，與甲乙丙，兩形亦等也。本篇四是全與其分等也。故底線兩端之兩角等者，兩腰必等也

第七題

線爲底，出兩腰線，其相遇止有一點，不得別有腰線與元腰線等，而于此點外相遇

解曰：甲乙線爲底，于甲、于乙各出一線，至丙點相遇。題言此爲一定之處，不得于甲上更出一線與甲丙等，乙上更出一線與乙丙等，而不于

丙相遇

論曰若言有別相遇于丁者即問丁當在丙內邪丙外邪若言丁在丙內則有二說俱不可通何者若言丁在甲丙元線之內則如第一圖丁在甲丙兩界之間矣如此即甲丁是甲丙之分而云甲丙與甲丁等也是全與其分等也公論九若言丁在甲丙乙三角頂間則如第二圖丁在甲丙乙之間矣即令自丙至丁作丙丁線而乙丁丙甲丁丙又成兩三角形次從乙丁引出至巳從乙丙引出至戊則乙丁丙形之乙丁乙丙兩腰等者其底線兩端之兩角乙丁丙乙丙丁宜亦等也其底之外兩

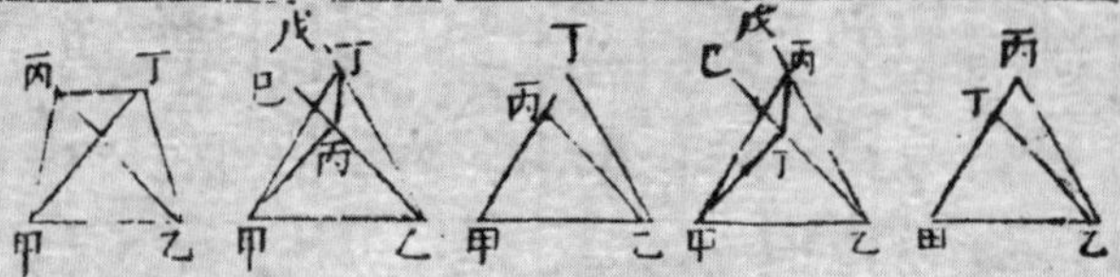

角巳丁丙戊丙丁宜亦等也本篇五而甲丁丙形之甲丁甲丙兩腰等者其底線兩端之兩角甲丙丁甲丁丙宜亦等也本篇五夫甲丙丁角本小于戊丙丁角而爲其分今言甲丁丙與甲丙丁兩角等則甲丁丙亦小于戊丙丁矣何況巳丁丙又甲丁丙之分更小于戊丙丁可知何言底外兩角等乎若言丁在丙外又有三說俱不可通何者若言丁在甲丙元線外是丁甲即在丙甲元線之上則甲丙與甲丁等矣即如上第一說駁之若言丁在甲丙乙三角頂外即如上第二說駁之若言

丁在丙外。而後出二線。一在三角形內。一在其外。甲丁線、與乙丙線相交。如第五圖。即令將丙丁相聯作直線。是甲丁丙。又成一三角形。而甲丙丁、宜與甲丁丙兩角等也。本篇五 夫甲丁丙角。本小于丙丁乙角、而爲其分。據如彼論、則甲丙丁角、亦小于丙丁乙角矣。又丙丁乙。亦成一三角形。而丙丁乙、宜與丁丙乙、兩角等也。本篇五 夫丁丙乙角。本小于甲丙丁角、而爲其分。據如彼論。則丙丁乙角、亦小于甲丙丁角矣。此二說者。豈不自相戾乎

第八題

兩三角形。若相當之兩腰各等。兩底亦等。則兩腰間角必

等

解曰甲乙丙丁戊己兩三角形其甲乙與丁戊兩腰甲丙與丁己兩腰各等乙丙與戊己兩底亦等題言甲與丁兩角必等

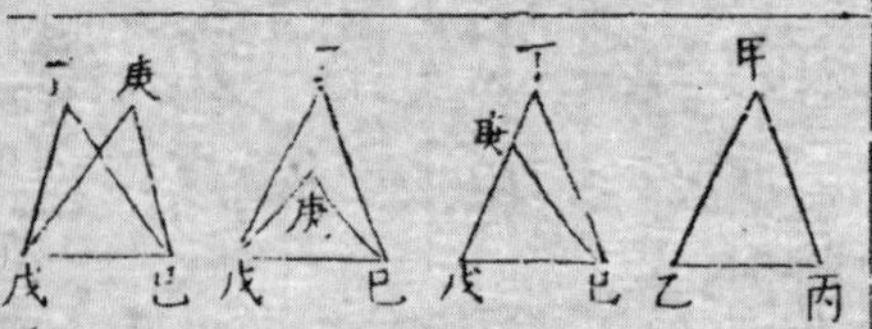

論曰試以丁戊己形加于甲乙丙形之上問丁角在甲角上邪否邪若在上即兩角等矣八公論或謂不然乃在于庚即問庚當在丁戊線之內邪或在三角頂之內邪或在三角頂之外邪皆依前論駁之七本篇

系本題止論甲丁角若旋轉依法論之即三角皆同可

見凡線等則角必等不可疑也

第九題

有直線角求兩平分之

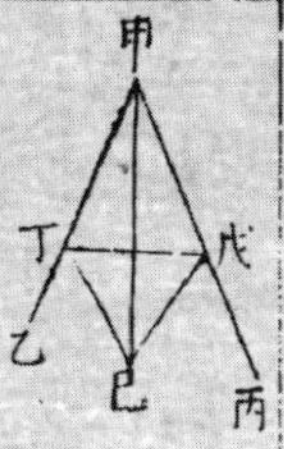

法曰乙甲丙角求兩平分之先于甲乙線任截一分爲甲丁（本篇三）次于甲丙亦截甲戊與甲丁等次自丁至戊作直線次以丁戊爲底立平邊三角形（本篇一）爲丁戊巳形末自巳至甲作直線卽乙甲丙角爲兩平分

論曰丁甲巳與戊甲巳兩三角形之甲丁與甲戊兩線等甲巳同是一線戊巳與丁巳兩底又等（何言兩底等初從戊丁底）

作此三角平形。此二線爲腰。各等。戊丁故則丁甲巳、與戊甲巳兩角必等本篇八

卷一

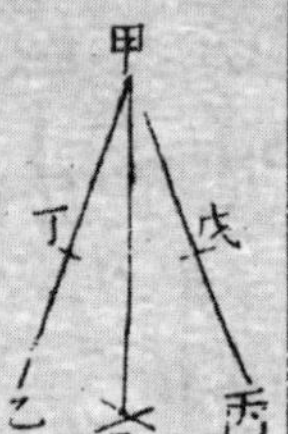

用法。如上截取甲丁、甲戊。即以丁爲心向乙丙、間任作一短界線。次用元度以戊爲心。亦如之。兩界線交處得巳本篇一

第十題

一有界線。求兩平分之

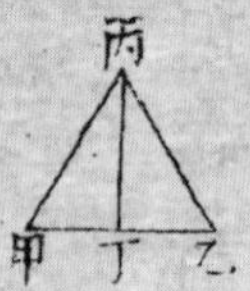

法曰。甲乙線。求兩平分。先以甲乙爲底。作甲乙丙兩邊等三角形本篇一次以甲丙乙角兩平分之本篇九得丙丁直線。即分甲乙于丁

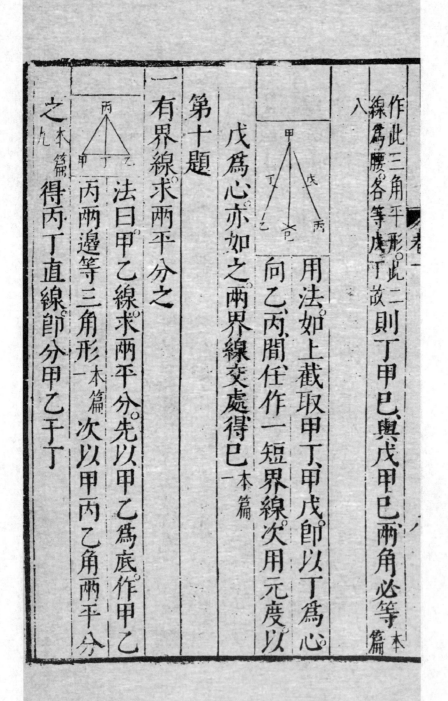

論曰。丙丁乙、丙丁甲、兩三角形之丙乙、丙甲、兩腰等。而丙丁同線。甲丙丁、與乙丙丁、兩角又等。本篇九則甲丁、與乙丁、兩線必等。本篇四

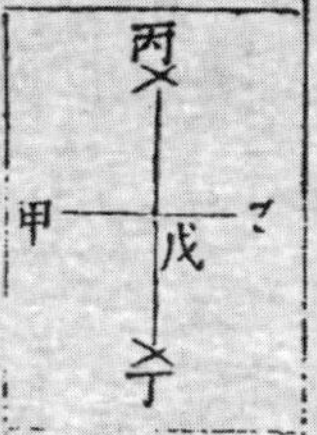

用法。以甲為心。任用一度。但須長于甲乙線之半。向上向下。各作一短界線。次用元度以乙為心。亦如之。兩界線交處。即丙丁。末作丙丁直線。即分甲乙于戊

第十一題

一直線。任于一點上。求作垂線

法曰。甲乙直線。任指一點于丙。求丙上作垂線。先于丙

左右任用一度各截一界為丁為戊本篇二次以丁戊為底作兩邊等角形本篇一為丁巳戊末自巳至丙作直線即巳丙為甲乙之垂線

論曰丁巳丙與戊巳丙兩角形之巳丁巳戊兩腰等而巳丙同線丙丁與丙戊兩底又等即兩形必等丁與戊兩角亦等本篇五丁巳丙與戊巳丙兩角亦等本篇八九則丁丙巳與戊丙巳兩角必等矣等即是直角直角即是垂線繁說十此後三角形多稱角形省文也

用法于丙點左右如上截取丁與戊即以丁為心任用一度但須長于丙丁線向丙

上方作短界線次用元度以戊爲心亦如之兩界線交處卽巳

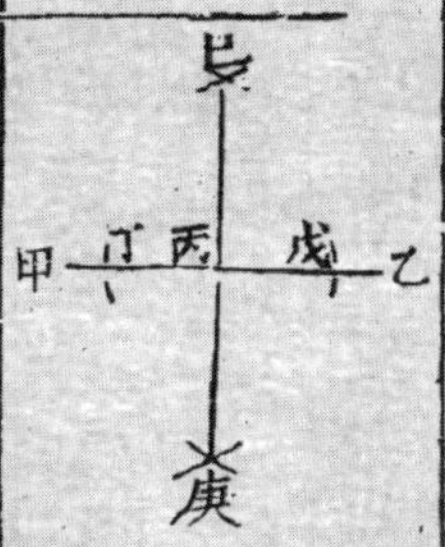

又用法于丙左右如上截取丁與戊卽任用一度以丁爲心于丙上下方各作短界線次用元度以戊爲心亦如之則上交爲巳下交爲庚末作巳庚直線視直線交于丙點卽得是用法又爲嘗巧之法

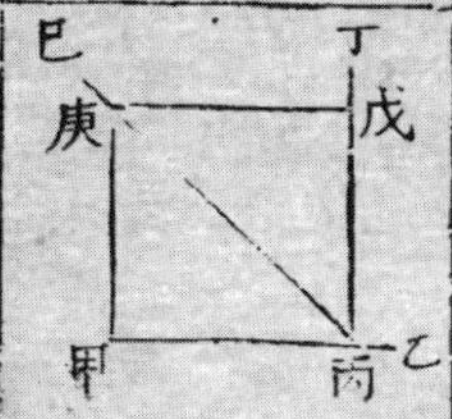

增若甲乙線所欲立垂線之點乃在線末甲界上甲外無餘線可截則于甲乙線上任取一點爲丙如前法于丙上立丁丙垂

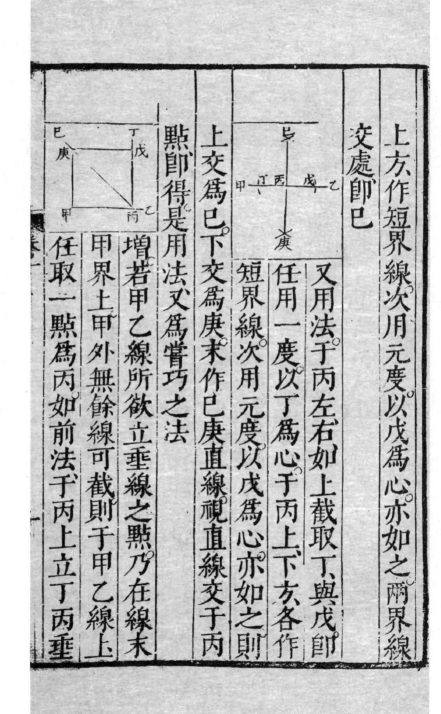

線次以甲丙丁角兩平分之本篇九爲巳丙線次以甲丙爲度于丁丙垂線上截戊丙線本篇三次于戊上如前法立垂線與巳丙

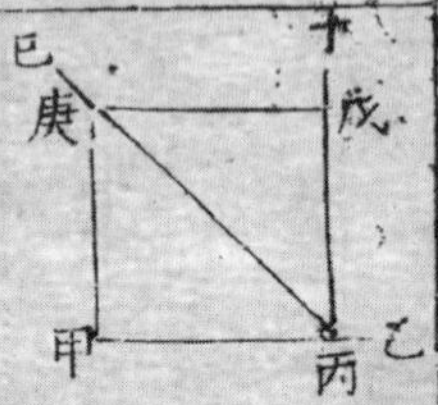

線相遇爲庚末自庚至甲作直線如所求

論曰庚甲丙與庚丙戊兩角形之甲丙戊丙兩線既等庚丙同線戊丙庚與甲丙庚兩角又等卽甲庚戊庚兩線必等本篇四而對同邊之甲角戊角亦等本篇四戊既直角則甲亦直角是甲庚爲甲乙之垂線界說十

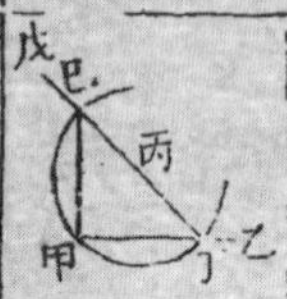

用法甲點上欲立垂線先以甲爲心向元線上方任抵一界作丙點次用元度以丙

爲心作大半圜圜界與甲乙線相遇爲丁次自丁至丙作直線引長之至戊爲戊丁線戊丁與圜界相遇爲巳末自巳至甲作直線即所求此法今未能論論見第三卷第三十一題

第十二題

有無界直線線外有一點求于點上作垂線至直線上

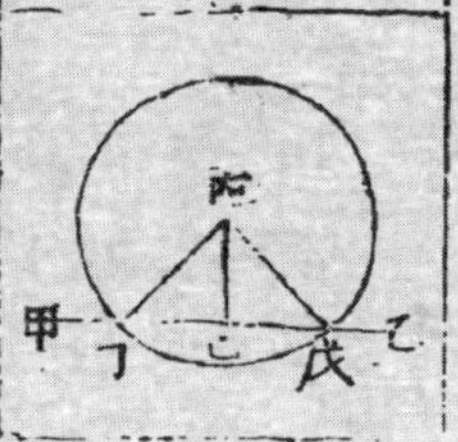

法曰甲乙線外有丙點求從丙作垂線至甲乙先以丙爲心作一圜令兩交于甲乙線爲丁爲戊次從丁戊各作直線至丙次兩平分丁戊于巳本篇十末自丙自巳作直線即丙巳爲甲乙之

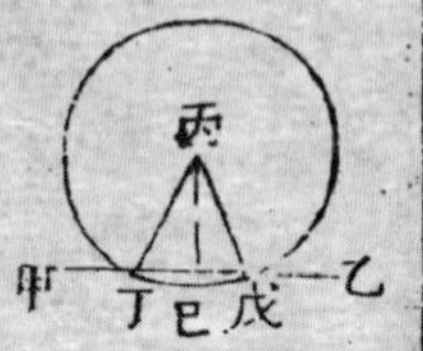

垂線

論曰。丙巳丁、丙巳戊兩角形之丙丁、丙戊兩線等。丙巳同線。則丙戊巳與丙丁巳兩角必等（本篇八）。而丁丙巳與戊丙巳兩角又等。則丙巳丁與丙巳戊等皆直角（本篇四）。而丙巳定為垂線矣。

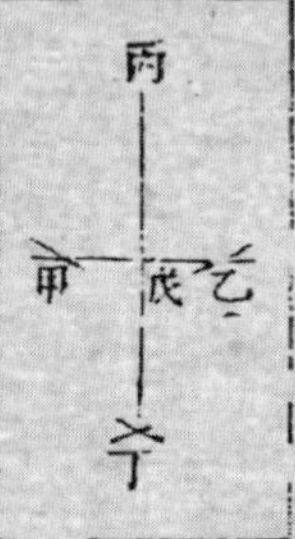

用法。以丙為心。向直線兩處各作短界線。為甲、為乙。次用元度。以甲為心。向丙點相望處作短界線。乙為心。亦如之。兩界線交處為丁。末自丙至丁作直線。則丙戊為垂線

又用法。于甲乙線上近甲、近乙任取一點為心。以丙

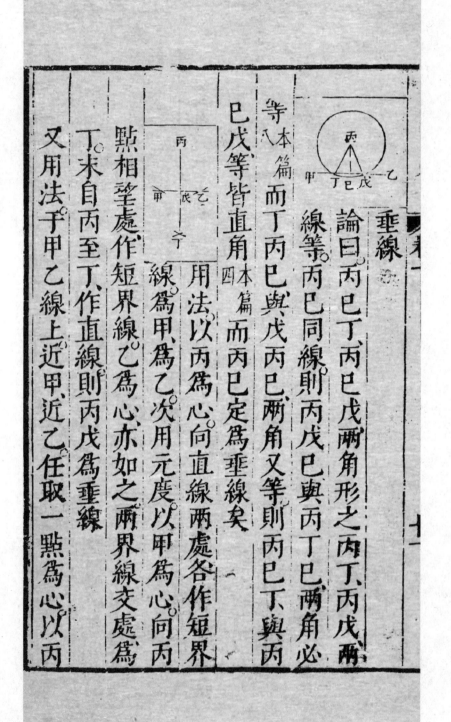

為界作一圜界于丙點及相望處各稍引長之次于甲乙線上視前心或相望如前圖或進或退如後圖任移一點為心以丙為界作一圜界至與前圖交處得丁末自丙至丁作直線得戊若近界作垂線無可截取亦用此法

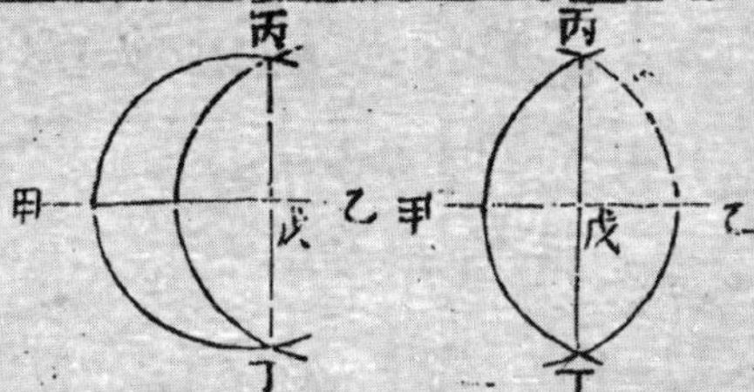

第十三題

一直線至他直線上所作兩角非直角即等于兩直角

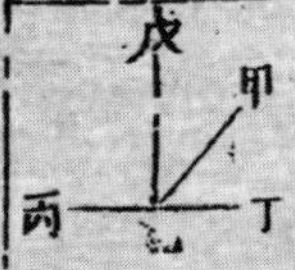

解曰甲線下至丙丁線遇于乙其甲乙丙與甲乙丁作兩角題言此兩角當是直角若非直角

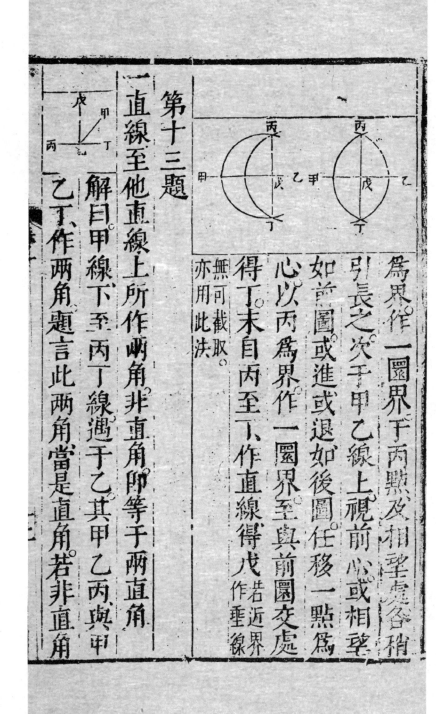

卽是一銳一鈍兩并之等于兩直角

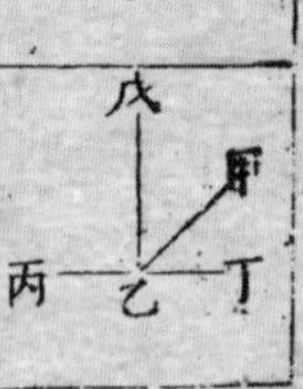

論曰試于乙上作垂線爲戊乙本篇十一令戊乙丙與戊乙丁爲兩直角卽甲乙丁甲乙戊兩銳角并之與戊乙丁直角等矣次于甲乙丁甲乙戊兩銳角又加戊乙丙一直角并此三角定與戊乙丙戊乙丁兩直角等也公論十八次于甲乙戊又加戊乙丙并此銳直兩角定與甲乙丙鈍角等也次于甲乙戊戊乙丙銳直兩角又加甲乙丁銳角并此三角定與甲乙丁甲乙丙銳鈍兩角等也夫甲乙丁甲乙戊戊乙丙三角旣與兩直角等則甲乙丁與甲乙丙兩角定與兩直角等公論一

第十四題

一直線于線上一點出不同方兩直線偕元線每旁作兩角若每旁兩角與兩直角等即後出兩線爲一直線

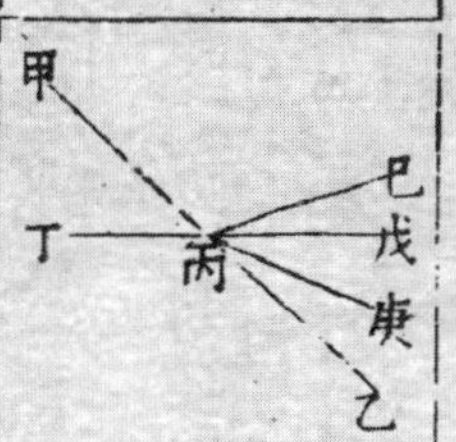

解曰甲乙線于丙點上左出一線爲丙丁右出一線爲丙戊若甲丙戊甲丙丁兩角與兩直角等題言丁丙與丙戊是一直線

論曰如云不然令別作一直線必從丁丙更引出一線或離戊而上爲丁丙巳或離戊而下爲丁丙庚也若上于戊則甲丙線至丁丙巳直線上爲甲丙巳甲丙丁兩角此兩角宜與兩直角等（本篇十三）如此即甲丙戊甲丙丁

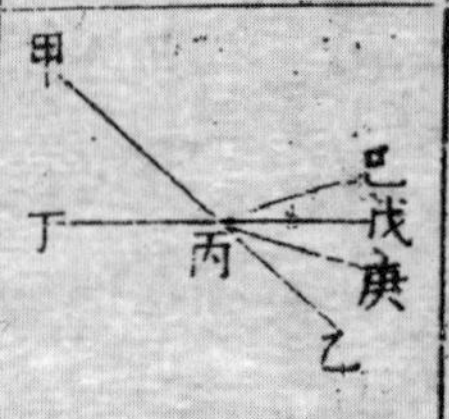

兩角、與甲丙巳、甲丙丁、兩角亦等矣。試減甲丙丁角、而以甲丙戊、與甲丙巳、兩角較之。果相等乎。公論三　夫甲丙巳、本小于甲丙戊、而爲其分。今曰相等。是全與其分等也。公論九　若下于戊、則甲丙線至丁丙庚直線上。爲甲丙庚、甲丙丁、兩角。此兩角、宜與兩直角等。本篇十三　如此。即甲丙庚、甲丙丁、兩角、與甲丙戊、甲丙丁、兩角亦等矣。試減甲丙丁角、而以甲丙戊、與甲丙庚較之。果相等乎。公論三　夫甲丙戊、實小于甲丙庚、而爲其分。今曰相等。是全與其分等也。公論九　兩者皆非。則丁丙戊是一直線。

第十五題

凡兩直線相交作四角每兩交角必等

解曰甲乙與丙丁兩線相交于戊題言甲戊丙、與丁戊乙兩角甲戊丁與丙戊乙兩角各等

論曰丁戊線至甲乙線上則甲戊丁、丁戊乙兩角與兩直角等本篇十三甲戊線至丙丁線上則甲戊丙、甲戊丁兩角、與兩直角等本篇十三如此即丁戊乙、甲戊丁兩角、亦與甲戊丁、甲戊丙、兩角等公論十試減同用之甲戊丁角其所存丁戊乙、甲戊丙、兩角必等公論三又丁戊線至甲乙線上則甲戊丁、丁戊乙兩角、與兩直角等本篇十三乙戊線

至丙丁線上則丁戊乙、丙戊乙、兩角、與兩直角等本篇十三如此即甲戊丁、丁戊乙、兩角、亦與丁戊乙、丙戊乙、兩角等公論十試減同用之丁戊乙角其所存甲戊丁、丙戊乙、必等

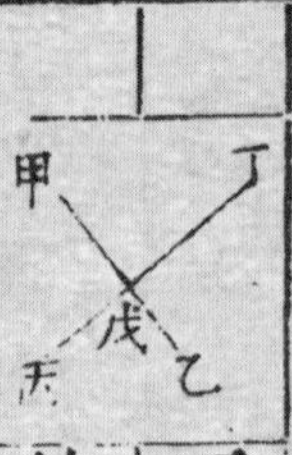

一系。推顯兩直線相交于中點上作四角與四直角等

二系。一點之上兩直線相交不論幾許線幾許角定與四直角等公論十八

增題。一直線內出不同方兩直線而所作兩交角等

即後出兩線爲一直線

解曰。甲乙線內取丙點出丙丁、丙戊兩線而所作甲

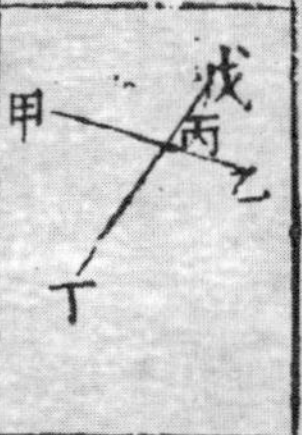

丙戊、丁丙乙兩交角等。或甲丙丁、戊丙乙兩交角等。題言戊丙、丙丁、即一直線

論曰。甲丙戊角旣與丁丙乙角等。每加一戊丙乙角。即甲丙戊、戊丙乙、兩角。必與丁丙乙、戊丙乙、兩角等。公論二 而甲丙戊、戊丙乙、與兩直角等本篇十三 則丁丙乙、戊丙乙、亦與兩直角等。是戊丙、丙丁、爲一直線本篇十四

第十六題

凡三角形之外角。必大于相對之各角

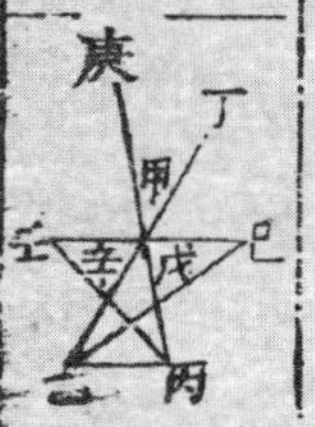

解曰。甲乙丙角形。自乙甲線引之至丁。題言外角丁甲丙。必大于相對之內角甲乙

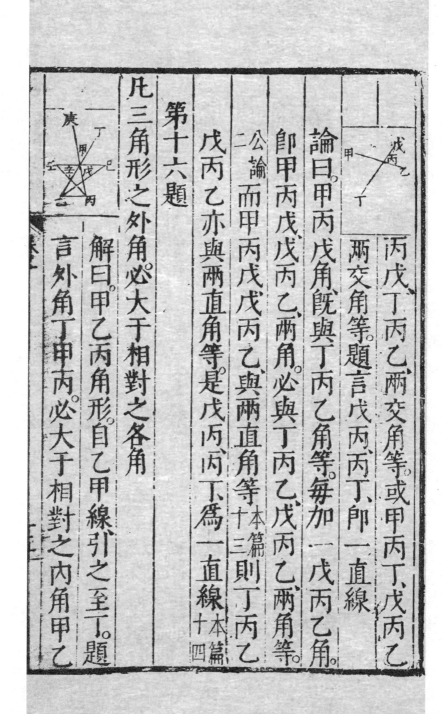

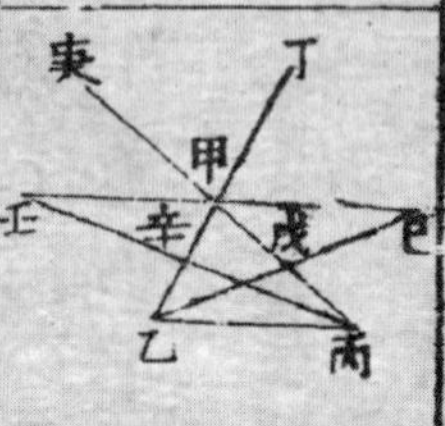

丙甲丙乙

論曰。欲顯丁甲丙角大于甲丙乙角。試以甲丙線兩平分于戊（本篇十）自乙至戊作直線引長之。從戊外截取戊巳與乙戊等（本篇三）次自甲至巳作直線。即甲戊巳、戊乙丙兩角形之戊巳與戊乙兩線等。戊甲與戊丙兩線等。甲戊巳、乙戊丙兩交角又等（本篇十五）則甲巳與乙丙兩底亦等（本篇四）兩形之各邊各角俱等。而巳甲戊與戊丙乙兩角亦等矣。夫巳甲戊乃丁甲丙之分。則丁甲丙大于巳甲戊。亦大于相等之戊丙乙。而丁甲丙外角。不大于相對之甲丙乙內角乎。次顯丁甲丙、大于甲乙丙。試自丙甲線、引長之、至庚。次以甲乙線兩平分于辛本篇十自丙至辛。作直線引長之。從辛外截取辛壬、與丙辛等本篇三次自甲至壬、作直線。依前論推顯甲辛壬辛丙乙、兩角形之各邊各角俱等。則壬甲辛、與辛乙丙、兩角亦等矣。夫壬甲辛。乃庚甲乙之分。必小于庚甲乙也。庚甲乙、又與丁甲丙、兩交角等本篇十五則甲乙丙內角。不小于丁甲丙外角乎。其餘乙丙上作外角、俱大于相對之內角。依此推顯

第十七題

凡三角形之每兩角、必小于兩直角

解曰。甲乙丙角形。題言甲乙丙、甲丙乙、兩角。丙甲乙、甲乙丙、兩角。甲丙乙、丙甲乙、兩角。皆小于兩直角

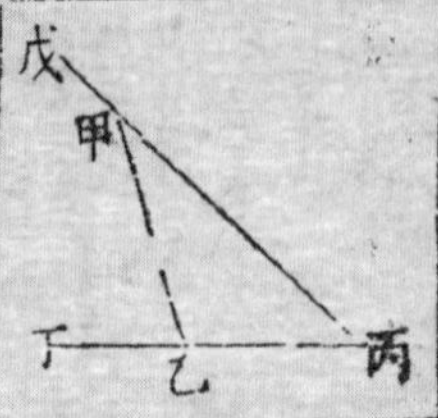

論曰。試用兩邊線丙甲、引出至戊。丙乙引出至丁。卽甲乙丁外角。大于相對之甲丙乙內角矣。本篇十六 此兩率者。每加一甲乙丙角。則甲乙丁、甲乙丙、必大于甲丙乙、甲乙丙矣。公論四 夫甲乙丁、甲乙丙、與兩直角等也。本篇十三 則甲丙乙、甲乙丙、小于兩直角也。餘二倣此

第十八題

凡三角形。大邊對大角。小邊對小角

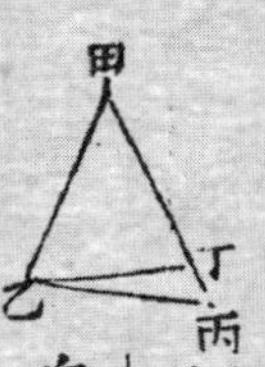

解曰。甲乙丙角形之甲丙邊。大于甲乙邊。乙丙邊。題言甲乙丙角。大于乙丙甲角。乙甲丙角

論曰。甲丙邊。大于甲乙邊。即于甲丙線上。截甲丁。與甲乙等。（本篇三）自乙至丁、作直線。則甲乙丁、與甲丁乙、兩角等矣。（本篇五）夫甲丁乙角者。乙丙丁角形之外角。必大于相對之丁丙乙內角。（本篇十六）則甲乙丁角。亦大于甲丙乙角。而況甲乙丙。又函甲乙丁于其中。不又大于甲丙乙乎。如乙丙邊。大于甲乙邊。則乙甲丙角。亦大于甲丙乙角。依此推顯

第十九題

凡三角形。大角對大邊。小角對小邊

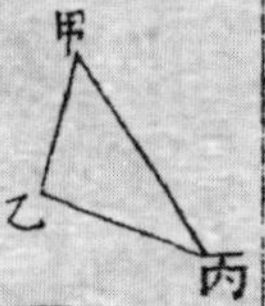

解曰。甲乙丙角形。乙角大于丙角。題言對乙角之甲丙邊必大于對丙角之甲乙邊

論曰。如云不然。令言或等或小。若言甲丙與甲乙等。則甲丙角宜與甲乙角等矣（本篇五）何設乙角大于丙角也若言甲丙小于甲乙。則甲丙邊對甲乙大角宜大（本篇十八）又何言小也。如甲角大于丙角。則乙丙邊大于甲乙邊

依此推顯

第二十題

凡三角形之兩邊。幷之必大于一邊

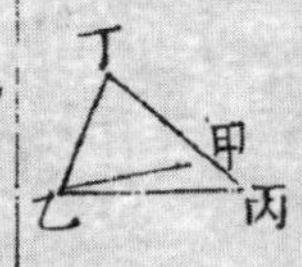

解曰。甲乙丙角形。題言甲丙、甲乙、邊幷之必大于乙丙邊。甲丙、丙乙、幷之必大于甲乙。甲乙、乙丙、幷之必大于甲丙

論曰。試于丙甲邊引長之。以甲乙爲度。截取甲丁（本篇三）自丁至乙、作直線。令甲丁、甲乙、兩腰等。而甲丁乙、甲乙丁、兩角亦等（本篇五）卽丙乙丁角大于甲乙丁角。亦大于丙丁乙角矣。夫丁丙邊。對丙乙丁大角也。豈不大于乙丙邊。對丙丁乙小角者乎（本篇十九）又甲丁、甲乙、兩線。各加甲丙線。等也。則甲乙加甲丙者。與丙丁等矣。丙丁既大于乙丙。則甲乙、甲丙、兩邊幷。必大于乙丙邊也。餘二倣

此

第二十一題

凡三角形。于一邊之兩界、出兩線。復作一三角形、在其内。則内形兩腰。并之必小于相對兩腰。而後兩線所作角。必大于相對角

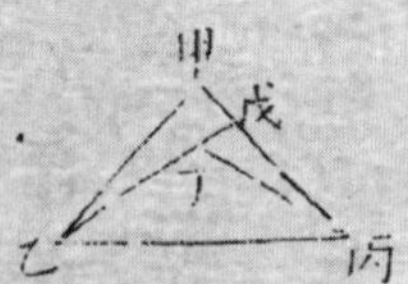

解曰。甲乙丙角形。于乙丙邊之兩界、各出一線。遇于丁。題言丁丙、丁乙、兩線并。必小于甲乙、甲丙、并。而乙丁丙角、必大于乙甲丙角

論曰。試用内一線引長之。如乙丁、引之至戊。即乙甲戊角形之乙甲、甲戊兩線并。必大于乙戊線也。本篇二十此二

率者。每加一戊丙線。則乙甲、甲戊、戊丙、并。必大于乙戊戊丙、并矣。公論四 又戊丁丙角形之戊丁、戊丙、線并。必大于丁丙線也。此二率者。每加一丁乙線。則戊丁、戊丙、丁乙、并。必大于丁丙、丁乙、并矣。公論四 夫乙甲、甲戊、戊丙。既大于乙戊、戊丙。豈不更大于丁丙、丁乙、乎。本篇二十 又乙甲戊角形之丙戊丁外角。大于相對之乙甲戊丙角。本篇十六即丁戊丙角形之乙丁丙外角。更大于相對之丁戊丙內角矣。而乙丁丙角。豈不更大于乙甲丙角乎

第二十二題

三直線。求作三角形。其每兩線并。大于一線也

法曰。甲、乙、丙、三線。其第一、第二線并。大于第三線（若兩線比第三線或等、或小。即不能作三角形見本篇二十）求作三角形。先任作丁戊線。長于三線并。次以甲為度。從丁。截取丁己線（本篇三）以乙為度。從己。截取己庚線。以丙為度。從庚。截取庚辛線。次以己為心。丁為界。作丁壬癸圜。以庚為心。辛為界。作辛壬癸圜。其兩圜相遇。下為壬。上為癸。末以庚己為底。作癸庚、癸己、兩直線。即得己癸庚三角形（用壬亦可作。若丁壬癸圜不到子。辛壬癸圜不到丑。即是兩線或等、或小于第三線。不成三角形矣）

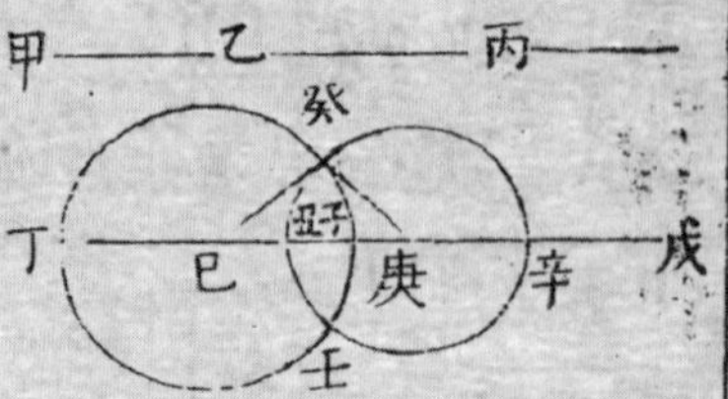

論曰。此角形之丁己、己癸、線。皆同圜之半徑。等。（界說十五）則

巳癸、與甲、等。庚辛、庚癸、線。亦皆同圜之半徑。等。則庚癸
與丙等。巳庚元以乙爲度。則角形三線。與所設三線等
用法。任以一線爲底。以底之一界爲心。第二
線爲度。向上作短界線。次以又一界爲心。第
三線爲度。向上作短界線。兩界線交處向下
作兩腰。如所求
若設一三角形。求別作一形。與之等。亦用此
法

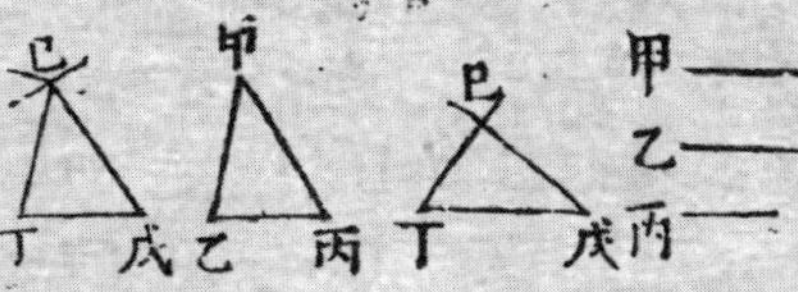

第二十三題
一直線。任于一點上。求作一角。與所設角等

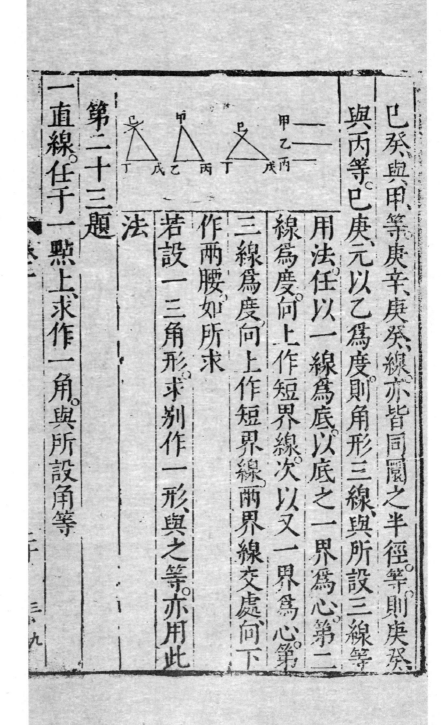

法曰。甲乙線。于丙點。求作一角。與丁戊巳角。等。先于戊丁線。任取一點。爲庚。于戊巳線。任取一點。爲辛。自庚至辛。作直線。次依甲乙線作丙壬癸角形。與戊庚辛角形等。本篇廿二卽丙

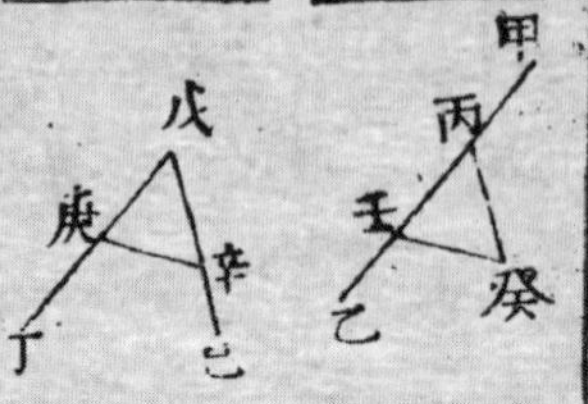

壬。丙癸。兩腰。與戊庚。戊辛。兩腰等。壬癸底。與庚辛底又等。則丙角。與戊角。必等。本篇八

第二十四題

兩三角形。相當之兩腰。各等。若一形之腰閒角大。則底亦大

解曰。甲乙丙。與丁戊巳。兩角形。其甲乙。與丁戊。兩腰甲

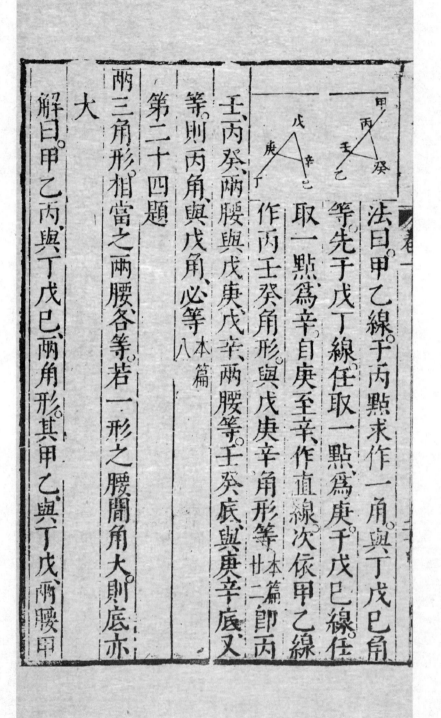

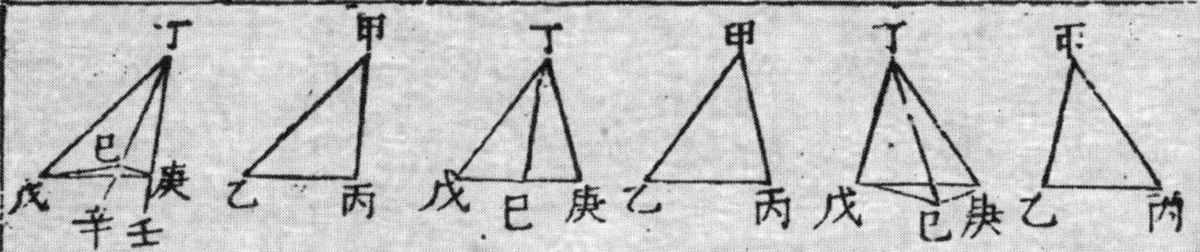

丙、與丁巳兩腰各等。若乙甲丙角大于戊丁巳角。題言乙丙底必大于戊巳底

論曰。試依丁戊線從丁點作戊丁庚角與乙甲丙角等（本篇廿三）則戊丁庚角大于戊丁巳角。而丁庚腰在丁巳之外矣。次截丁庚線與丁巳等（本篇三）卽丁庚丁巳俱與甲丙等。又自戊至庚作直線。是甲乙與丁戊、甲丙與丁庚腰線各等。乙甲丙與戊丁庚兩角亦等。而乙丙與戊庚兩底必等也（本篇四）次問所作戊庚底今在戊巳底上邪。抑同在一線邪。抑在其下邪。若在上。卽如第二

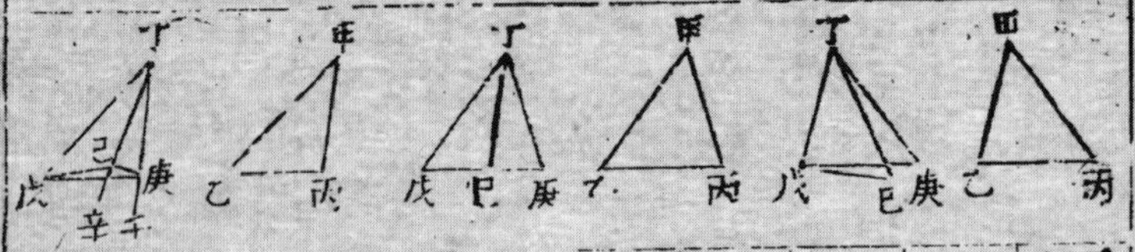

圖自巳至庚作直線。則丁庚巳角形之丁庚丁巳兩腰等。而丁庚巳與丁巳庚兩角亦等矣本篇五夫戊庚巳角乃丁庚巳角之分。必小于丁庚巳。亦必小于相等之丁巳庚。而丁巳庚又戊巳庚角之分。則戊庚巳益小于戊巳庚也九公論則對戊庚巳小角之戊巳腰。必小于對戊巳庚大角之戊庚腰也本篇十九若戊巳與戊庚兩底同線。卽如第四圖。戊巳乃戊庚之分。則戊巳必小于戊庚也九公論若戊庚在戊巳之下。卽如第六圖。自巳至庚作直線。次引丁庚線出于壬。引丁巳

線出于辛。則丁庚丁巳、兩腰等。而辛巳庚、壬庚巳、兩外角亦等矣（本篇五）夫戊庚巳角。乃壬庚巳角之分。必小于壬庚巳。亦必小于相等之辛巳庚。而辛巳庚、又戊巳庚角之分。則戊庚巳益小于戊巳庚也（公論九）則對戊庚巳小角之戊巳腰。必小于對戊巳庚大角之戊庚腰也（本篇十九）是三戊巳皆小于等戊庚之乙丙（本篇四）也

第二十五題

兩三角形。相當之兩腰各等。若一形之底大。則腰間角亦大

解曰。甲乙丙、與丁戊巳、兩角形。其甲乙、與丁戊。甲丙、與

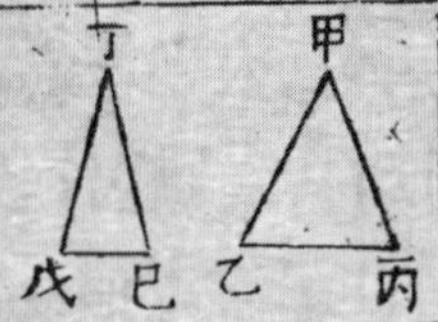

丁巳。各兩腰等。若乙丙底。大于戊巳底。題言乙甲丙角。大于戊丁巳角

論曰。如云不然。令言或小。或等。若言等。則兩形之兩腰各等。腰間角又等。宜兩底亦等本篇四何設乙丙底大也。若言乙甲丙角小。則對乙甲丙角之乙丙線。宜亦小本篇廿四何設乙丙底大也

第二十六題 二支

兩三角形。有相當之兩角等。及相當之一邊等。則餘兩邊必等。餘一角亦等。其一邊。不論在兩角之內。及一角之對

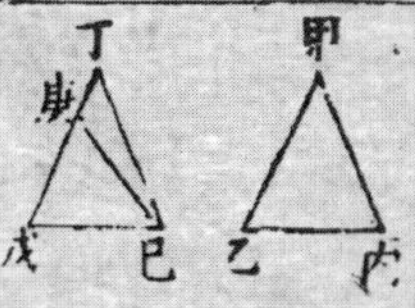

先解一邊在兩角之內者。曰甲乙丙角形之甲乙丙、甲丙乙兩角、與丁戊巳角形之丁戊巳、丁巳戊兩角、各等。在兩角內之乙丙邊、與戊巳邊又等。題言甲乙、與丁戊、兩邊。甲丙與丁巳、兩邊、各等。而乙甲丙角、與戊丁巳角、亦等

論曰。如云兩邊不等、而丁戊大于甲乙。令于丁戊線截取庚戊、與甲乙等本篇三 次自庚至巳作直線。即庚戊巳角形之庚戊戊巳兩邊、宜與甲乙乙丙兩邊等矣。夫乙角與戊角、元等。則甲丙與庚巳宜等本篇四 而庚巳戊角、與甲丙乙角、宜亦等也本篇四 既設丁巳戊、與甲丙乙兩

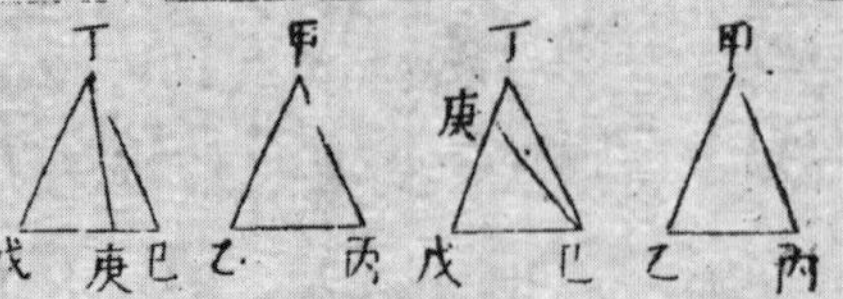

角等。今又言庚巳戊、與甲丙乙、兩角等。是庚巳戊、與丁巳戊、亦等。全與其分等矣九公論以此見兩邊必等。兩邊既等。則餘一角亦等

後解相等邊不在兩角之內。而在一角之對者。曰。甲乙丙角形之乙角、丙角、與丁戊巳角形之戊角、丁巳戊角、各等。而對丙之甲乙邊、與對巳之丁戊邊、又等。題言甲丙、與丁巳、兩邊。丙乙、與巳戊、兩邊各等。而甲角、與戊丁巳角、亦等

論曰。如云兩邊不等。而戊巳大于乙丙。令于戊巳線截取戊庚、與乙丙等本篇三次自丁至庚作直線。即丁戊庚

角形之丁戊、戊庚、兩邊、宜與甲乙、乙丙、兩邊等矣。夫乙角、與戊角、元等。則甲丙、與丁庚宜等（本篇四）而丁庚戊角、與甲丙乙角、宜亦等也。既設丁巳戊、與甲丙乙兩角等。今又言丁庚戊、與甲丙乙、兩角等。是丁庚戊外角、與相對之丁巳戊內角、等矣（本篇十六）可乎。以此見兩邊必等。兩邊既等。則餘一角亦等

第二十七題

兩直線。有他直線交加其上。若內相對兩角等。即兩直線必平行

解曰。甲乙、丙丁、兩直線。加他直線戊巳。交于庚。于辛。而

甲庚辛與丁辛庚兩角等。題言甲乙丙丁兩線必平行

論曰。如云不然。則甲乙丙丁兩直線必至相遇于壬。而庚辛壬成三角形。則甲庚辛外角。宜大于相對之庚辛壬內角矣。本篇十六乃先設相等乎。若設乙庚辛角與丙辛庚角等。亦依此論。若言甲乙丙丁兩直線相遇于癸。亦依此論

第二十八題 二支

兩直線。有他直線交加其上。若外角與同方相對之內角等。或同方兩內角與兩直角等。即兩直線必平行

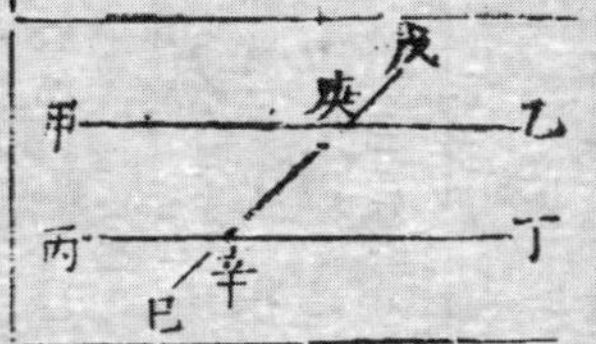

先解曰。甲乙、丙丁、兩直線。加他直線戊巳。交于庚于辛。其戊庚甲外角、與同方相對之庚辛丙內角、等。題言甲乙丙丁、兩線必平行

論曰。乙庚辛角、與相對之內角丙辛庚等（本篇廿七）戊庚甲、與乙庚辛、兩交角亦等（本篇十五）卽兩直線必平行

後解曰。甲庚辛、丙辛庚、兩內角、與兩直角等。題言甲乙丙丁、兩線必平行

論曰。甲庚辛、丙辛庚、兩角、與兩直角等。而甲庚戊、甲庚辛、兩角亦與兩直角等（本篇十三）試減同用之甲庚辛。卽所存甲庚戊、與丙辛庚等矣。既外角與同方相對之內角

等。即甲乙、丙丁、必平行（本題）

第二十九題（三支）

兩平行線。有他直線交加其上。則內相對兩角必等。外角與同方相對之內角。亦等。同方兩內角。亦與兩直角等

先解曰。此反前二題。故同前圖。有甲乙、丙丁、二平行線。加他直線戊己。交于庚于辛。題言甲庚辛、與丁辛庚、內相對兩角必等

論曰。如云不然。而甲庚辛、大于丁辛庚。則丁辛庚加辛庚乙。宜小于辛庚甲、加辛庚乙矣（四公論）夫辛庚甲、辛庚乙。元與兩直角等（本篇十三）據如彼論。則丁辛庚、辛庚乙、兩

角小于兩直角。而甲乙丙丁、兩直線向乙丁行。必相遇也（公論十一）可謂平行線乎

次解曰。戊庚甲外角、與同方相對之庚辛丙內角、等

論曰。乙庚辛、與相對之丙辛庚兩內角等（本題）則乙庚辛交角相等之戊庚甲（本篇十五）與丙辛庚必等（公論一）

後解曰。甲庚辛、丙辛庚、兩內角、與兩直角等

論曰。戊庚甲、與庚辛丙、兩角既等（本題）而每加一甲庚辛角。則庚辛丙、甲庚辛、兩角、與甲庚辛、戊庚甲、兩角必等（公論二）夫甲庚辛、戊庚甲、本與兩直角等（本篇十三）則甲庚辛、丙辛庚兩內角、亦與兩直角等

第三十題

兩直線與他直線平行則元兩線亦平行

解曰此題所指線在同面者不同面線後別有論如甲乙丙丁兩直線各與他線戊巳平行題言甲乙與丙丁亦平行

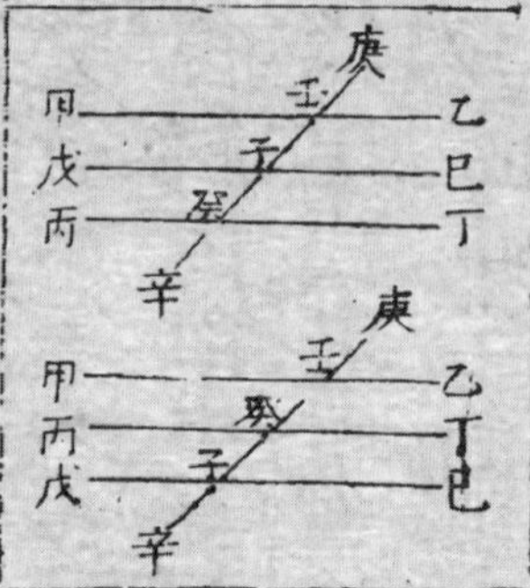

論曰試作庚辛直線交加于三直線甲乙于壬戊巳于子丙丁于癸其甲乙與戊巳既平行即甲壬子與相對之巳子壬兩內角等（本篇廿九）丙丁與戊巳既平行即丁癸子內角與巳子壬外角亦等（本篇廿九）丁癸子與甲壬子亦為相對之內角亦等（一公論）而甲乙丙丁

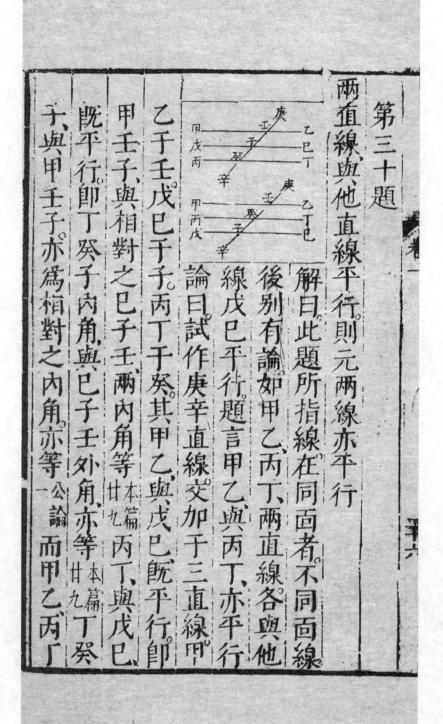

爲平行線（本篇卄七）

第三十一題

一點上求作直線與所設直線平行

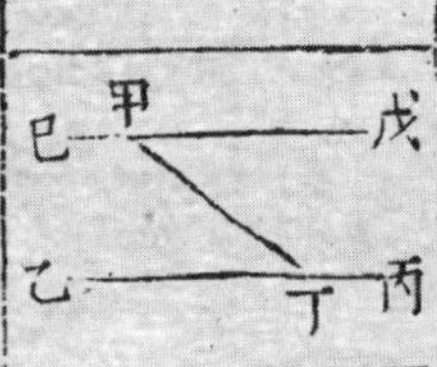

法曰甲點上求作直線與乙丙平行先從甲點向乙丙線任指一處作直線爲甲丁卽乙丙線上成甲丁乙角次于甲點上作一角與甲丁乙等（本篇卄三）爲戊甲丁從戊甲線引之至巳卽巳戊與乙丙平行

論曰戊巳乙丙兩線有甲丁線聯之其所作戊甲丁與甲丁乙相對之兩內角等卽平行線（本篇卄七）

增從此題生一用法設一角兩線求作有法四邊形有角與所設角等兩兩邊線與所設線等

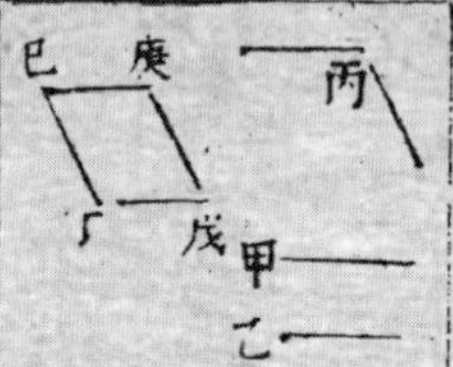

法曰先作巳丁戊角與丙等次截丁戊線與甲等巳丁線與乙等末依丁戊平行作巳庚依巳丁平行作庚戊即所求

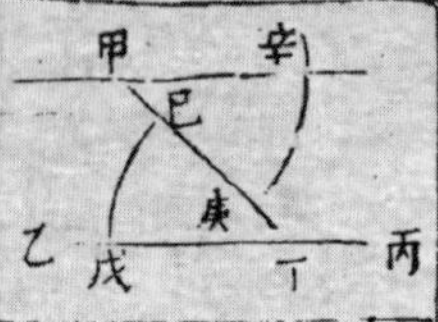

本題用法于甲點求作直線與乙丙平行先作甲丁線次以丁爲心任作戊巳圜界次用元度以甲爲心作庚辛圜界稍長于戊巳次取戊巳圜界爲度于庚辛圜界截取庚辛末自甲至辛作直線各引長之即所求

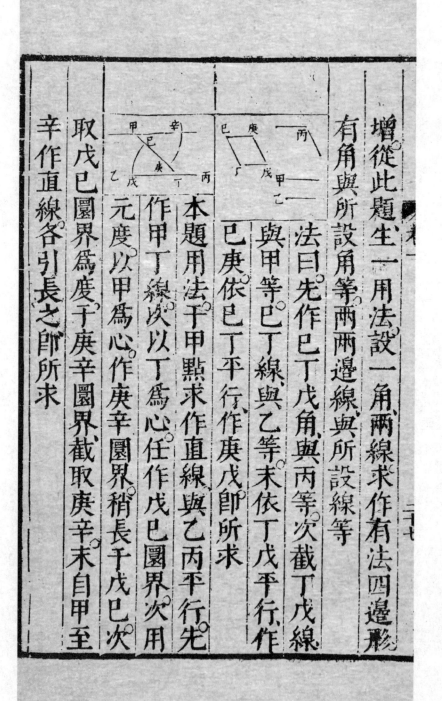

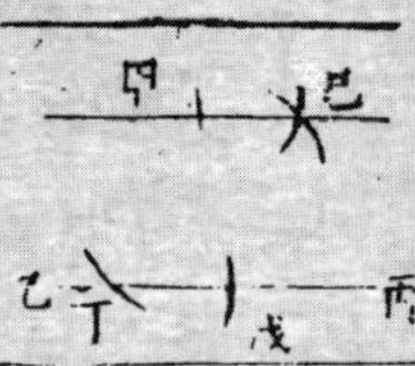

又用法以甲點爲心于乙丙線近乙處任指一點作短界線爲丁次用元度以丁爲心于乙丙上向丙截取一分作短界線爲戊次用元度以戊爲心向上與甲平處作短界線又用元度以甲爲心向甲平處作短界線後兩界線交處爲巳自甲至巳作直線各引長之即所求

第三十二題 二支

凡三角形之外角與相對之內兩角幷等凡三角形之內三角幷與兩直角等

先解曰甲乙丙角形試從乙丙邊引至丁題言甲丙丁

外角與相對之内兩角甲乙并等

論曰試作戊丙線與甲乙平行（本篇三一）令甲丙爲甲乙戊丙之交加線則乙甲丙角與相對之甲丙戊角等（本篇廿九）又乙丁線與兩平行線相遇則戊丙丁外角與相對之甲乙丙内角等（本篇廿九）既甲丙戊與乙甲丙等而戊丙丁與甲乙丙又等則甲丙丁外角與内兩角甲乙并等矣

後解曰甲乙丙三角并與兩直角等

論曰既甲丙丁角與甲乙兩角并等更于甲丙丁加甲丙乙則甲丙丁甲丙乙兩角并與甲乙丙内三角并等

矣。（公論二）夫甲丙丁、甲丙乙、幷元與兩直角等（本篇十三）則甲、乙丙、丙三角幷亦與兩直角等

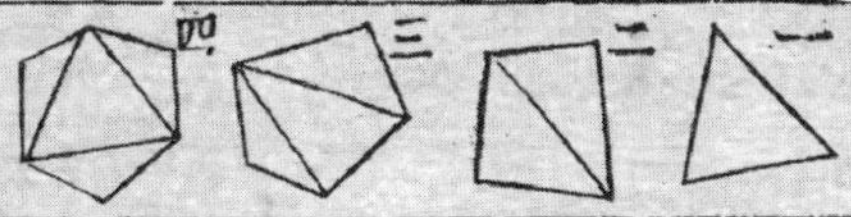

增。從此推知凡第一形當兩直角第二形、當四直角第三形、當六直角自此以上、至于無窮每命形之數倍之、為所當直角之數（凡一線二線、不能為形故）又視每（三邊為第一形四邊為第二形五邊為第三形六邊為第四形倣此以至無窮）形邊數減二邊即所存邊數是本形之數

論曰如上四圖第一形、三邊減二邊存一邊即是本形一數倍之當兩直角（本題）第二形、四邊減二邊存二邊即是本形二數倍之、當四直角欲顯此理試

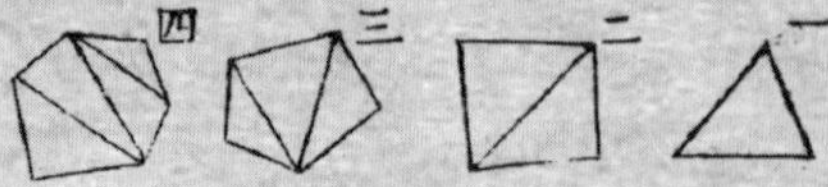

以第二形作一對角線成兩三角形每形當兩直角并之則當四直角矣第三形五邊減二邊存三邊即是本形三數倍之當六直角欲顯此理試以第三形作兩對角線成三三角形每形當兩直角并之亦當六直角矣其餘依此推顯以至無窮

又一

法每形視其邊數每邊當兩直角而減四直角其存者即本形所當直角

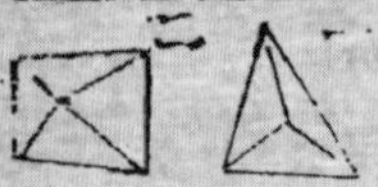

論曰欲顯此理試于形中任作一點從此點向各角俱作直線令每形所分角形之數如其邊

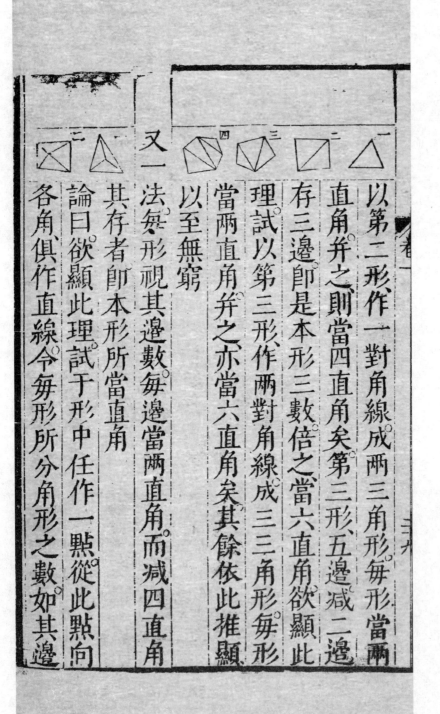

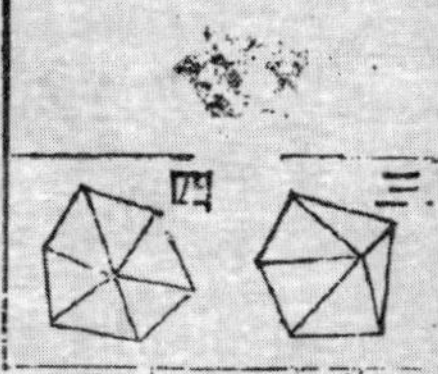

數每一分形三角當二直角本題其近點之處不
論幾角皆當四直角本篇十五之系次減近點諸角即
是減四直角其存者則本形所當直角如上第
四形六邊中間任指一點從點向各角分為六三角
形每一分形三角六形共十八角今于近點處減當
四直角之六角所存近邊十二角當八直角餘倣此

一系凡諸種角形之三角并俱相等本題增

二系凡兩腰等角形若腰間直角則餘兩角每當直角
之半腰間鈍角則餘兩角俱小于半直角腰間銳角則
餘兩角俱大于半直角

三系平邊角形每角當直角三分之二
四系平邊角形若從一角向對邊作垂線分爲兩角形此分形各有一直角在垂線之下兩旁則垂線之上兩旁角每當直角三分之一其餘兩角每當直角三分之二

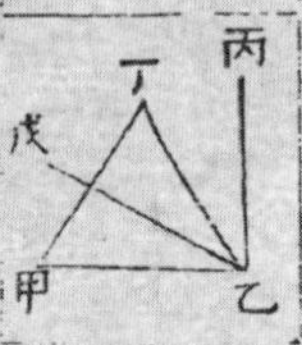

增從三系可分一直角爲三平分其法任于一邊立平邊角形次分對直角一邊爲兩平分從此邊對角作垂線即所求如上圖甲乙丙直角求三分之先于甲乙線上作甲乙丁平邊角形本篇一次平分甲丁于戊本篇九末作乙戊直線

第三十三題

兩平行相等線之界。有兩線聯之。其兩線亦平行。亦相等

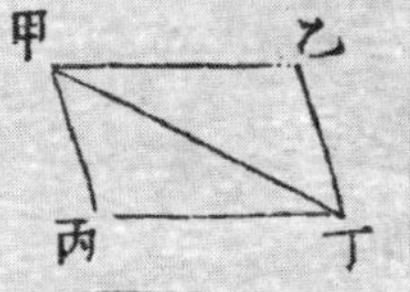

解曰。甲乙、丙丁、兩平行相等線。有甲丙、乙丁、兩線聯之。題言甲丙、乙丁、亦平行相等線

論曰。試作甲丁對角線。爲甲乙、丙丁、之交加線。即乙甲丁、丙丁甲、相對兩內角等（本篇廿九）。又甲丁線上、下、兩角形之甲乙、丙丁、兩邊既等。甲丁同邊。則對乙甲丁角之乙丁線。與對丙丁甲角之甲丙線。亦等（本篇廿九）。而乙丁甲與丙甲丁兩角亦等也（本篇四）。此兩角者。甲丙、乙丁、之內相對角也。兩角既等。則甲丙、乙丁、兩線必平行（本篇

廿七

第三十四題

凡平行線方形每相對兩邊線各等每相對兩角各等對角線分本形兩平分

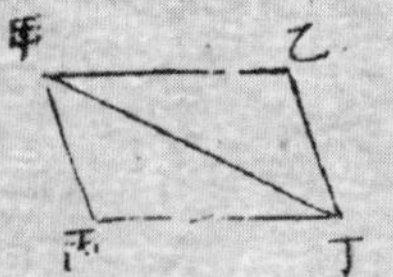

解曰甲乙丁丙平行方形界說三五題言甲乙與丙丁兩線甲丙與乙丁兩線各等又言乙與丙兩角乙甲丙與丙丁乙兩角各等又言若作甲丁對角線即分本形為兩平分

論曰甲乙與丙丁既平行則乙甲丁與丙丁甲相對之兩內角等本篇廿九甲丙與乙丁既平行則乙丁甲與丙甲

丁、相對之兩內角等本篇廿九甲乙丁角形之乙甲丁、乙丁甲、兩角、與甲丁丙角形之丙丁甲、丙甲丁、兩角、既各等。甲丁同邊。則甲乙、與丙丁。甲丙、與乙丁。俱等也。而丙角、與相對之乙角、亦等矣本篇廿六又乙丁甲角加丙丁甲角。與丙甲丁角、加乙甲丁角。既等。即乙甲丙、與丙丁乙、相對兩角、亦等也公論二又甲乙丁、甲丁丙兩角形之甲乙、乙丁、兩邊、與丁丙、丙甲、兩邊、各等。腰間之乙角、與丙角、亦等。則兩角形必等本篇四而甲丁線、分本形為兩平分

第三十五題

兩平行方形、若同在平行線內。又同底。則兩形必等

解曰。甲乙丙丁、兩平行線內。有丙丁戊甲、與丙丁乙巳、兩平行方形。同丙丁底。題言此兩形等。等者。不謂腰等、角等。謂所函之地等。後言形等者、多倣此

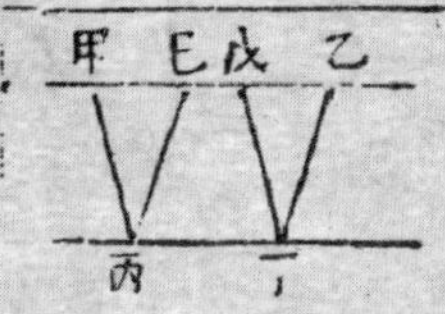

先論曰。設巳在甲戊之內。其丙丁戊甲、與丙丁乙巳。皆平行方形。丙丁同底。則甲戊、與丙丁。巳乙、與丙丁。各相對之兩邊各等本篇三四。而甲戊、與巳乙、亦等公論一。試于甲戊、巳乙兩線。各減巳戊。即甲巳、與戊乙、亦等公論三。而甲丙、與戊丁、元等本篇三四。乙戊丁外角、與巳甲丙內角、又等本篇廿九則乙戊丁、與巳甲丙、兩角形必等矣本篇四。次于兩

角形。每加一丙丁戊己無法四邊形。則丙丁戊甲、與丙丁乙己、兩平行方形等也。公論二

次論曰。設己戊、同點。依前甲戊、與戊乙、等。乙戊丁、與戊甲丙、兩角形等。本篇四 而每加一戊丁丙角形。則丙丁戊甲、與丙丁乙戊、兩平行方形必等。公論二

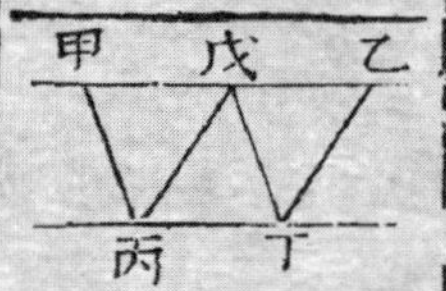

後論曰。設己點在戊之外。而丙己、與戊丁、兩線交于庚。依前甲戊、與己乙、兩線等。而每加一戊己線。即戊乙、與甲己、兩線亦等。公論二 因顯己甲丙、與乙戊丁、兩角形亦等。本篇四 次每減一己戊

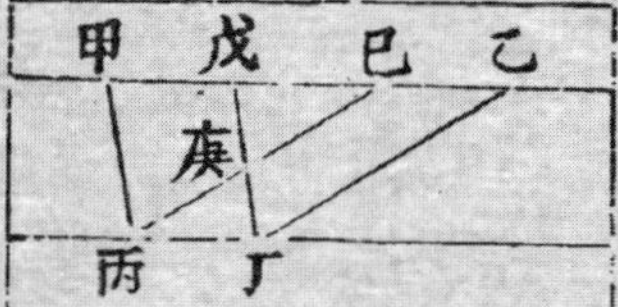

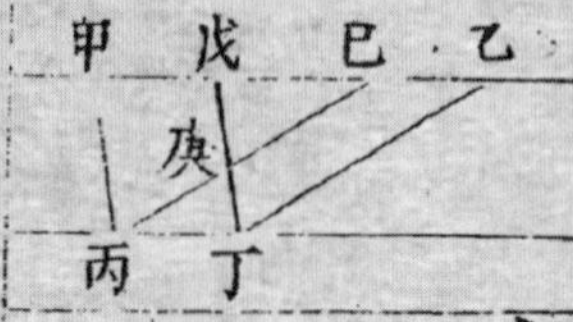

庚角形。則所存戊庚丙甲、與乙巳庚丁、兩無法
四邊形亦等三公論 次于兩無法形。每加一庚丁
丙角形。則丙丁戊甲、與丙丁乙巳、兩平行方形
必等二公論

第三十六題

兩平行線內。有兩平行方形。若底等。則形亦等

解曰。甲乙、丙丁、兩平行線內。有甲丙戊巳、與庚
辛丁乙、兩平行方形。而丙戊、與辛丁、兩底等。題
言兩形亦等

論曰。試自丙至庚。戊至乙。各作直線相聯。其丙戊庚乙

各與辛丁等則丙戊與庚乙亦等本篇卅四庚乙與丙戊既平行線則庚丙與乙戊亦平行線本篇卅三而甲丙戊巳與庚丙戊乙兩平行方形同丙戊底者等矣本篇三五庚辛丁乙與庚丙戊乙兩平行方形同庚乙底者亦等矣本篇三五既爾則庚辛丁乙與甲丙戊巳亦等公論一

第三十七題

兩平行線內有兩三角形若同底則兩形必等

解曰甲乙丙丁兩平行線內有甲丙丁乙丙丁兩角形同丙丁底題言兩形必等

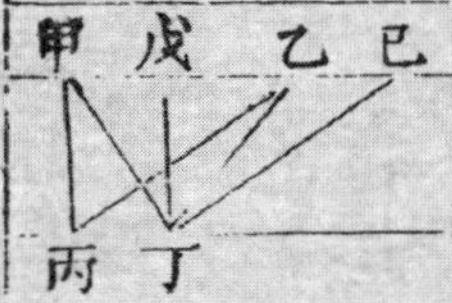

論曰試自丁至戊作直線與甲丙平行次自丁

至巳作直線與乙丙平行（本篇三一）夫甲丙丁戊乙丙丁巳兩平行方形在甲乙丙丁兩平行線內同丙丁底既等（本篇三五）則甲丙丁角形爲甲丙丁戊方形之半與乙丙丁角形爲乙丙丁巳方形之半者甲丁乙丁兩對角線平分兩方形（見本篇卅四）亦等（公論七）

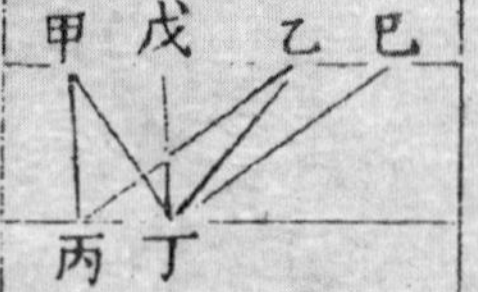

第三十八題

兩平行線內有兩三角形若底等則兩形必等

解曰甲乙丙丁兩平行線內有甲丙戊與乙巳丁兩角形而丙戊與巳丁兩底等題言兩形必等

論曰。試自庚至戊。辛至丁。各作直線。與甲丙。乙巳。平行本篇卅一其甲丙戊庚。與乙巳丁辛。兩平行方形既等本篇卅六則甲丙戊與乙巳丁。兩角形爲兩方形之半者本篇卅四亦等公論七

增。凡角形。任于一邊兩平分之。向對角作直線。即分本形爲兩平分

論曰。甲乙丙角形。試以乙丙邊兩平分于丁本篇十自丁至甲。作直線。即甲丁線分本形爲兩平分。何者。試于甲角上作直線。與乙丙平行本篇卅一則甲乙丁。甲丁丙兩角形在兩平行線內。兩底等。兩形亦等本題

三增題。凡角形。任于一邊。任作一點。求從點分本形爲兩平分

法曰。甲乙丙角形。從丁點求兩平分。先自丁至相對甲角作甲丁直線。次平分乙丙線于戊（本篇十）作戊巳線。與甲丁平行（本篇卅一）末作巳丁直線。即分本形爲兩平分

論曰。試作甲戊直線。即甲戊巳、巳丁戊、兩角形。在兩平行線內。同巳戊底者等。而每加一巳戊丙形。則巳丁丙、與甲戊丙、兩角形亦等（公論二）夫甲戊丙爲甲乙丙之半（本題增）則巳丁丙亦甲乙丙之半

第三十九題

兩三角形其底同。其形等。必在兩平行線內

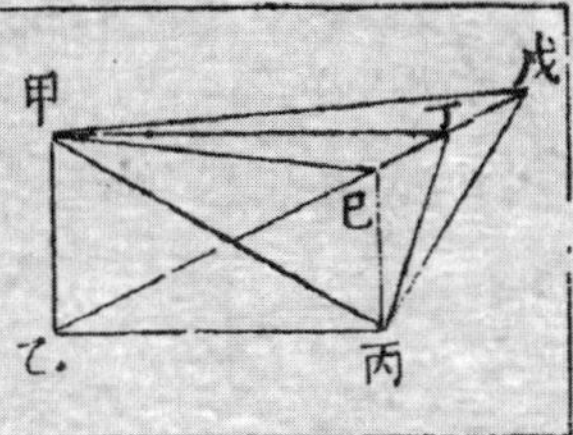

解曰。甲乙丙與丁丙乙。兩角形之乙丙底同。其形復等。題言在兩平行線內者。葢云自甲至丁。作直線。必與乙丙平行

論曰。如云不然。令從甲別作直線。與乙丙平行本篇卅一必在甲丁之上。或在其下矣。設在上。爲甲戊。而乙丁線。引出至戊。即作戊丙直線。是甲乙丙。宜與戊丙乙兩角形等矣本篇卅七夫甲乙丙。與丁丙乙。既等。而與戊丙乙。復等。是全與其分等也公論九設在甲丁下。爲甲巳。

即作巳丙直線。是巳丙乙與丁丙乙、亦等。如前驗之

第四十題

兩三角形。其底等。其形等。必在兩平行線內

解曰。甲乙丙與丁戊巳兩角形之乙丙與戊巳兩底等。其形亦等。題言在兩平行線內者。蓋云自甲至丁、作直線。必與乙巳平行

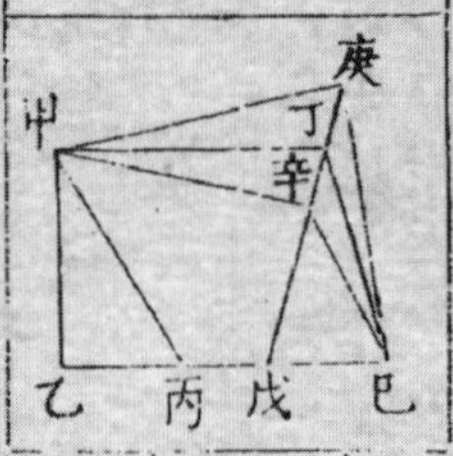

論曰。如云不然。令從甲、別作直線。與乙巳平行（本篇卅一）必在甲丁之上。或在其下矣。設在上。爲甲庚。而戊丁線引出至庚。即作庚巳直線。是甲乙丙宜與庚戊巳兩角形等矣（本篇三八）夫甲乙丙與丁戊巳既等。而與庚戊巳復等。

是全與其分等也（公論九）設在甲丁下、爲甲辛、卽作辛巳、直線、是辛戊巳、與丁戊巳亦等、如前駁之

第四十一題

兩平行線內、有一平行方形、一三角形、同底、則方形倍大于三角形

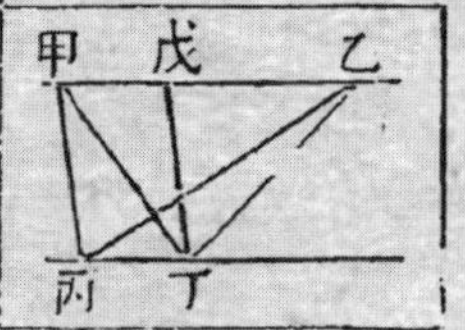

解曰、甲乙、丙丁、兩平行線內、有甲丙丁戊方形、乙丁丙角形、同丙丁底、題言方形倍大于角形

論曰、試作甲丁直線、分方形爲兩平分、則甲丙丁、與乙丁丙、兩角形等矣（本篇卅七）夫甲丙丁戊、倍大于甲丙丁（本篇卅三）必倍大于乙丁丙

第四十二題

有三角形求作平行方形與之等而方形角有與所設角等

法曰設甲乙丙角形丁角求作平行方形與甲乙丙角形等而有丁角先分一邊爲兩平分如乙丙邊平分于戊本篇十次作丙戊巳角與丁角

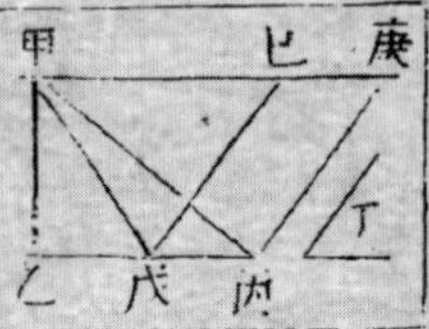

等本篇廿三次自甲作直線與乙丙平行本篇卅一而與戊巳線遇于巳末自丙作直線與戊巳平行爲丙庚本篇卅一而與甲巳線遇于庚則得巳戊丙庚平行方形與甲乙丙角形等

論曰。試自甲至戊、作直線。其甲戊丙角形、與巳戊丙庚平行方形。在兩平行線內。同底。則巳戊丙庚倍大于甲戊丙矣。本篇四一 夫甲乙丙、亦倍大于甲戊丙 本篇卅八增 即與巳戊丙庚等 公論六

第四十三題

凡方形對角線旁、兩餘方形。自相等

解曰。甲乙丙丁方形。有甲丙對角線。題言兩旁之乙壬

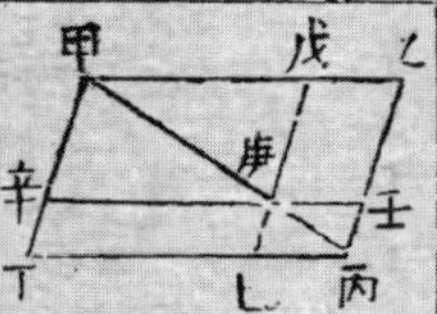

庚戊與、庚巳丁辛、兩餘方形 界說卅六 必等

論曰。甲乙丙、甲丙丁、兩角形等 本篇卅四 甲戊庚、甲庚辛、兩角形、亦等 本篇卅四 而于甲乙丙、減甲戊庚。

于甲丙丁、減甲庚辛。則所存乙丙庚戊、與庚丙

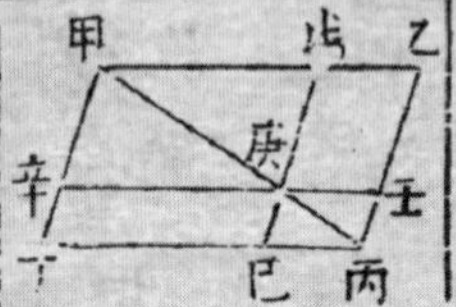

丁辛、兩無法四邊形亦等矣公論三又庚壬丙巳

角線方形之庚丙巳庚、丙壬、兩角形等本篇三四而

于兩無法四邊形、每減其一。則所存乙壬庚戊、與庚巳

丁辛、兩餘方形、安得不等公論三

第四十四題

一直線上。求作平行方形。與所設三角形等。而方形角、有

與所設角等

法曰設甲線。乙角形。丙角。求于甲線上、作平行方形。與

乙角形等、而有丙角。先作丁戊巳庚平行方形、與乙角

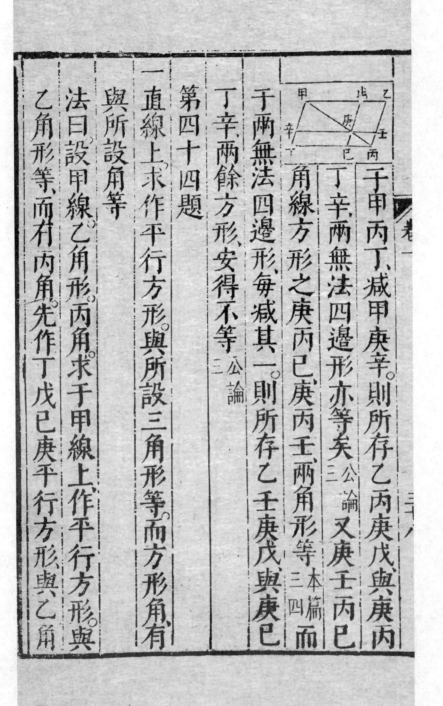

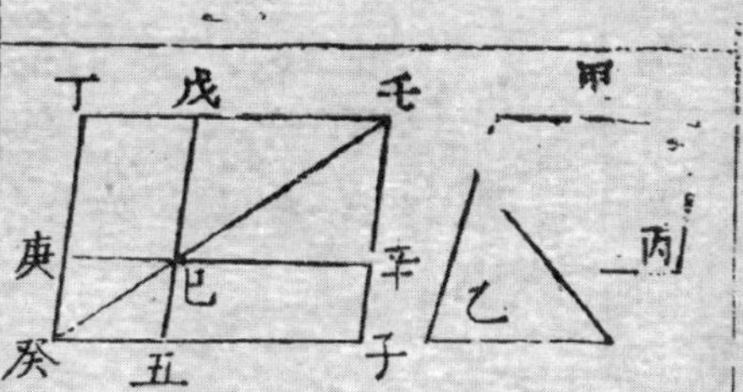

形等。而戊巳庚角、與丙角等本篇四二。次于庚巳線引長之。作巳辛線、與甲等。次作辛壬線、與戊巳平行本篇三一。次于丁戊引長之。與辛壬線遇于壬。次自壬至巳、作對角線引出之。又自丁庚引長之。與對線角遇于癸。次自癸作直線、與庚辛平行。又于壬辛引長之。與癸線遇于子。末于戊巳引長之、至癸子線。得丑。即巳丑子辛平行方形、如所求。

論曰。此方形之巳辛線、與甲等。而辛巳丑角、為戊巳庚之交角本篇十五。則與丙等。又本形與戊巳庚丁、同為餘方

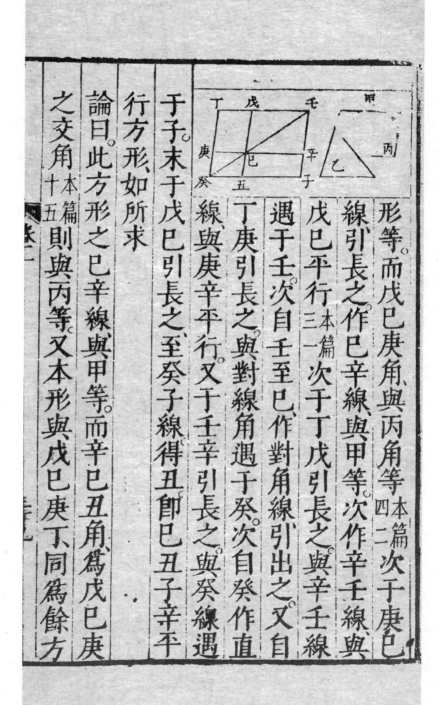

形等本篇四三則與乙角形等

第四十五題

有多邊直線形。求作一平行方形、與之等。而方形角、有與所設角等

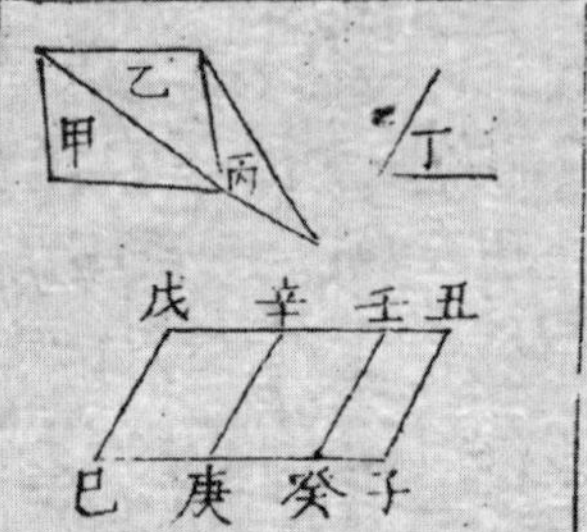

法曰。設甲乙丙五邊形。丁角。求作平行方形、與五邊形等。而有丁角。先分五邊形為甲、乙、丙、三三角形。次作戊巳庚辛平行方形。與甲等而有丁角本篇四二次于戊辛巳庚兩平行線引長之。作庚辛壬癸平行方形。與乙等而有丁角本篇四四末復引前線、作壬癸子丑平行方形。與丙等、

而有丁角（本篇四四）即此三形并為一平行方形。與甲、乙、丙、并形等而有丁角。自五以上可至無窮。俱倣此法

論曰。戊己庚與辛庚癸、兩角等。而每加一己庚辛角。即辛庚癸己庚辛、兩角定與己庚辛、戊己庚兩角等。夫己庚辛、戊己庚是兩平行線內角。與兩直角等也（本篇廿九）則己庚辛、辛庚癸、亦與兩直角等。而己庚庚癸、為一直線也（本篇十四）又戊辛庚與戊己庚、兩對角等。而辛壬癸、與辛庚癸、兩對角亦等。則戊己庚辛、庚辛壬癸、皆平行方形也（本篇卅四）壬癸子丑、依此推顯（本篇三十）即與戊己癸壬并為一平行方形矣

增題兩直線形不等求相減之較幾何

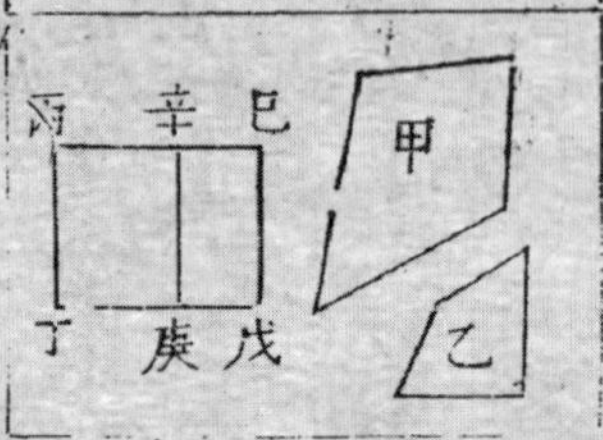

法曰甲與乙兩直線形甲大于乙以乙減甲求較幾何先任作丁丙巳戊平行方形與甲等次于丙丁線上依丁角作丁丙辛庚平行方形與乙等本題卽得辛庚戊巳為相減之較矣何者丁丙巳戊之大于丁丙辛庚較餘一辛庚戊巳也則甲大于乙亦辛庚戊巳也

第四十六題

一直線上求立直角方形

法曰甲乙線上求立直角方形先于甲乙兩界各立垂

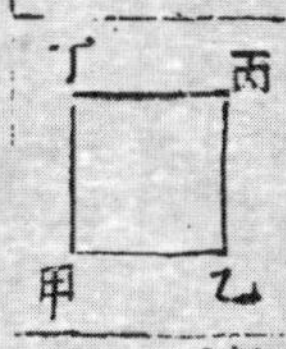

線。爲丁甲、爲丙乙。皆與甲乙線等（本篇十一）次作丁丙線相聯。卽甲乙丙丁爲直角方形

論曰。甲、乙、兩角俱直角。則丁甲、丙乙、爲平行線（本篇廿八）此兩線、自相等。則丁丙、與甲乙、亦平行線（本篇三三）而甲乙丙丁四線俱平行、俱相等。又甲、乙、俱直角。則相對丁丙、亦俱直角（本篇卅四）而甲乙丙丁、定爲四直角方形

第四十七題

凡三邊直角形、對直角邊上所作直角方形。與餘兩邊上所作兩直角方形幷等

解曰。甲乙丙角形。于對乙甲丙直角之乙丙邊上作乙

丙丁戊直角方形（本篇四六）題言此形與甲乙邊上所作甲乙巳庚及甲丙邊上所作甲丙辛壬兩直角方形并等

論曰試從甲作甲癸直線與乙戊丙丁平行（本篇卅一）分乙丙邊于子次自甲至丁至戊各作直線末自乙至辛自丙至巳各

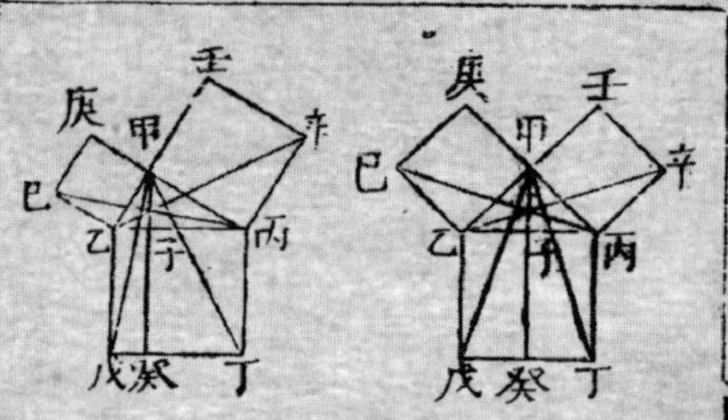

作直線其乙甲丙與乙甲庚既皆直角即庚甲甲丙是一直線（本篇十四）依顯乙甲甲壬亦一直線又丙乙戊與甲乙巳既皆直角而每加一甲乙丙角即甲乙戊與丙乙巳兩角亦等（公論二）依顯甲丙丁與乙丙辛兩角亦等又

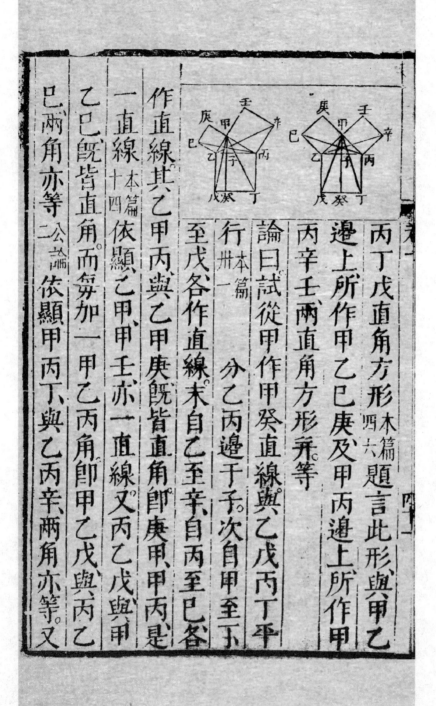

甲乙戊角形之甲乙、乙戊、兩邊、與丙乙巳角形之巳乙、乙丙、兩邊等。甲乙戊、與丙乙巳、兩角復等。則對等角之甲戊、與丙巳、兩邊亦等。而此兩角形亦等矣（本篇四）夫甲乙巳庚直角方形。倍大于同乙巳底、同在平行線內之丙乙巳角形（本篇四一）而乙戊癸子直角形。亦倍大于同乙戊底、同在平行線內之甲乙戊角形。則甲乙巳庚、不與乙戊癸子等乎（公論六）依顯甲丙辛壬直角方形、與丙丁癸子直角形等。則乙戊丁丙一形、與甲乙巳庚甲丙辛壬、兩形并、等矣

一增。凡直角方形之對角線上。作直角方形、倍大于

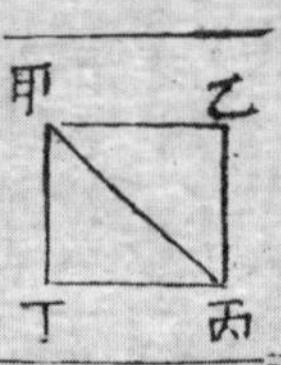

元形。如甲乙丙丁直角方形之甲丙線上作直角方形。倍大于甲乙丙丁形

二增題。設不等兩直角方形。如一以甲爲邊。一以乙爲邊。求別作兩直角方形。自相等。而并之。又與元設兩形并等

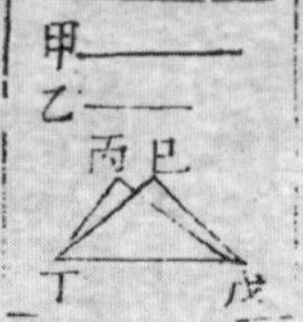

法曰。先作丙戊線。與甲等。次作戊丙丁直角。而丙丁線。與乙等。次作戊丁線相聯。末于丙丁戊角。丙戊丁角。各作一角。皆半于直角。巳戊巳丁兩腰遇于巳公論十一而等本篇六卽巳戊、巳丁、兩線上所作兩直角方形。自相等。而并之。又與丙戊、丙丁、上所

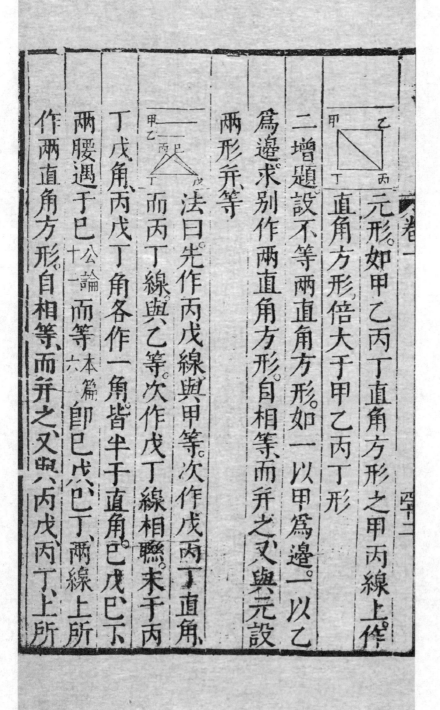

作兩直角方形幷等

論曰。巳丁戊、巳戊丁、兩角。既皆半于直角。則丁巳戊為直角（本篇卅二）而對直角之丁戊線上所作直角方形。與兩腰線上所作兩直角方形幷、等矣。（本題）巳戊與巳丁、既等。則其上所作兩直角方形、自相等矣。又丁戊線上所作直角方形。與丙丁、丙戊線上所作兩直角方形幷、既等。則巳戊巳丁、上兩直角方形幷。與丙戊丙丁、上兩直角方形幷、亦等

三增題。多直角方形。求幷作一直角方形。與之等

法曰。如五直角方形。以甲乙丙丁、戊為邊。任等不等。

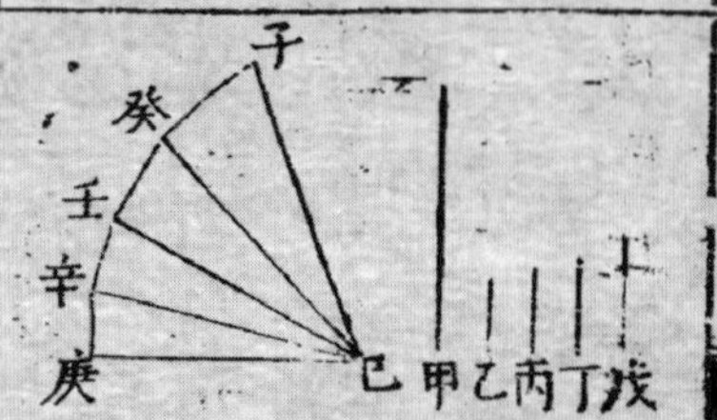

求作一直角方形、與五形幷等。先作巳庚辛直角而巳庚線與甲等。庚辛線與乙等。次作巳辛線旋作巳辛壬直角而辛壬與丙等。次作巳壬線旋作巳壬癸直角而壬癸與丁等。次作巳癸線旋作巳癸子直角。而癸子與戊等。末作巳子線。題言巳子線上所作直角方形、即所求

論曰。巳辛上作直角方形。與甲、乙兩形幷等。本題巳壬上作直角方形。與巳辛、及丙兩形幷等。餘倣此推顯可至無窮

四增三邊直角形以兩邊求第三邊長短之數

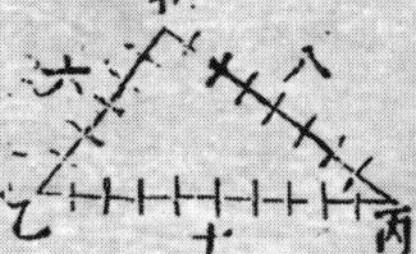

法曰甲乙丙角形甲為直角先得甲乙甲丙兩邊長短之數如甲乙六甲丙八求乙丙邊長短之數其甲乙甲丙上所作兩直角方形并既與乙丙上所作直角方形等本題則甲乙之冪自乘之數曰冪得三十六甲丙之冪得六十四并之得百而乙丙之冪亦百開方得十即乙丙數十也又設先得甲乙乙丙如甲乙六乙丙十而求甲丙之數其甲乙甲丙上兩直角方形并既與乙丙上直角方形等則甲乙之冪得三

十六乙丙之冪得百百減三十六得甲丙之冪六十四六十四開方得八即甲丙八也求甲乙倣此　此以開方盡實者為例其不盡實者自具筭家分法

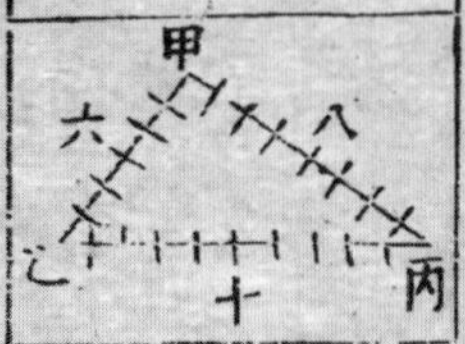

第四十八題

凡三角形之一邊上所作直角方形與餘邊所作兩直角方形并等則對一邊之角必直角

解曰此反前題如甲乙丙角形其甲丙邊上所作直角方形與甲乙乙丙邊上所作兩直角方形并等題言甲乙丙角必直角

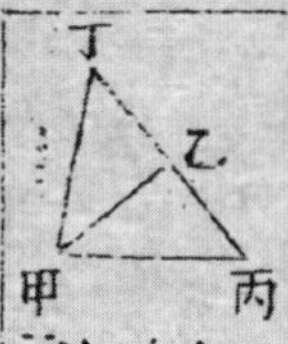

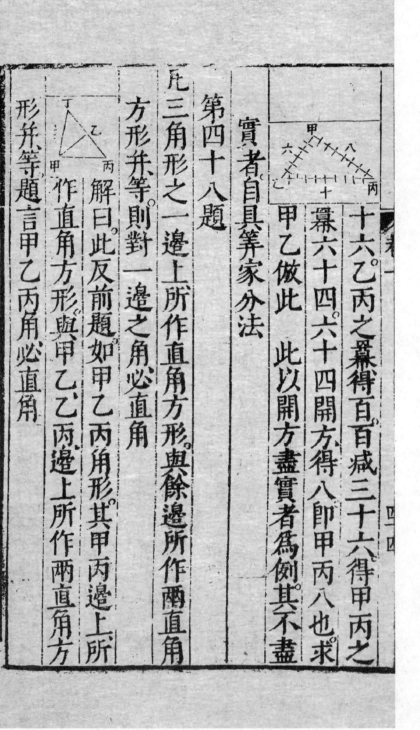

論曰。試於乙上作甲乙丁直角。而乙丁、與乙丙兩線等。次作丁甲線相聯。其甲乙丁既直角。則甲丁上直角方形。與甲乙、乙丁、上兩直角方形并、等（本篇四七）而甲乙、乙丁、上兩直角方形并。與甲乙、乙丙、上兩直角方形并、又等（甲乙同。乙丁、乙丙、等。故）即丁甲上直角方形。與甲丙上直角方形必等。夫甲乙丁角形之甲乙、乙丁、兩腰。與甲乙丙角形之甲乙、乙丙、兩腰既等。而丁甲、甲丙、兩底又等。則對底線之兩角亦等（本篇八）甲乙丁既直角。即甲乙丙亦直角

幾何原本第一卷終

幾何原本第二卷之首

泰西利瑪竇口譯
吳淞徐光啟筆受

界說二則

第一界

凡直角形之兩邊函一直角者爲直角形之矩線

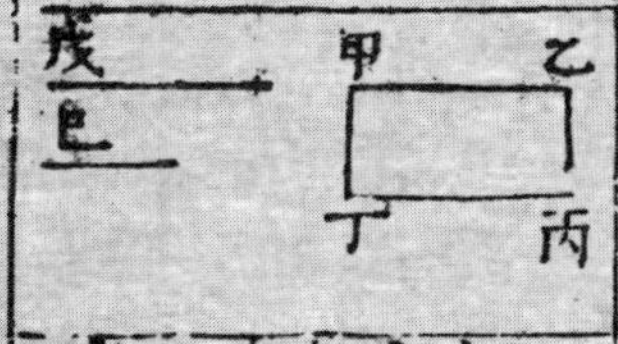

如甲乙偕乙丙函甲乙丙直角得此兩邊卽知直角形大小之度今別作戊線巳線與甲乙乙丙各等亦卽知甲乙丙丁直角形大小之度則戊偕巳兩線爲直角形之矩線

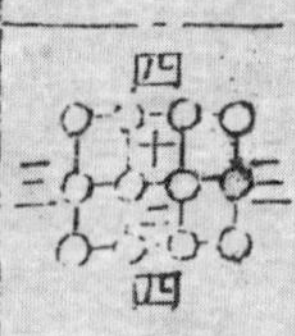

此例與筭法通。如上圖。一邊得三。一邊得四。相乘得十二。則三偕四兩邊爲十二之矩數

凡直角諸形之内四角皆直。故不必更言四邊及平行線。止名爲直角形。省文也

凡直角諸形。不必全舉四角。止舉對角二字。即指全形。如甲乙丙丁直角形。止舉甲丙或乙丁。亦省文也

第二界

諸方形有對角線者。其兩餘方形。任偕一角線方形。爲罄折形

甲乙丙丁方形。任直斜角。作甲丙對角線。從庚點作戊

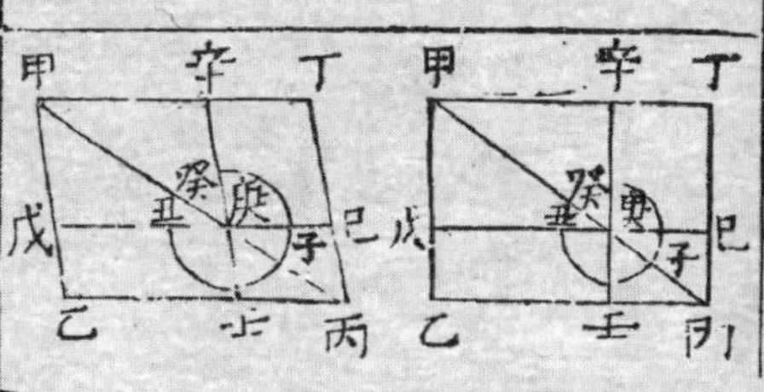

巳、辛壬、兩線。與方形邊平行。而分本形爲四方形。其、辛巳、庚乙、兩形爲餘方形。辛戊、巳壬、兩形爲角線方形一卷界說三六兩餘方形任偕一角線方形。爲罄折形。如辛巳、庚乙、兩餘方形。偕巳壬角線方形。同在癸子丑圜界內者。是癸子丑罄折形也。用辛戊角線方形。倣此

幾何原本第二卷之首終

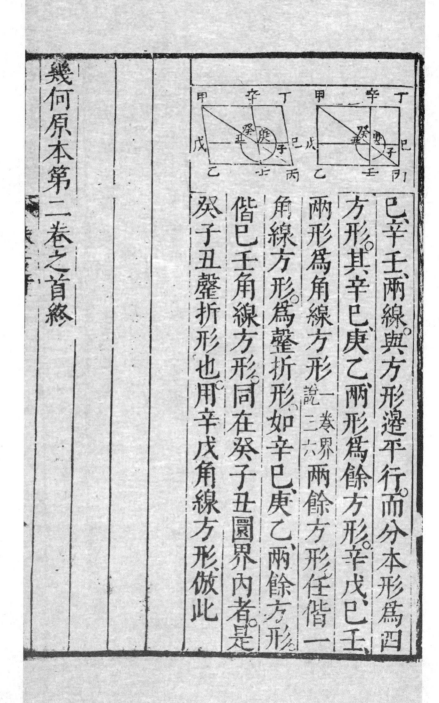

卷二之前

幾何原本第二卷

本篇論線　計十四題

泰西利瑪竇口譯
吳淞徐光啓筆受

第一題

兩直線。任以一線、任分為若干分。其兩元線矩內直角形。與不分線偕諸分線矩內諸直角形并等

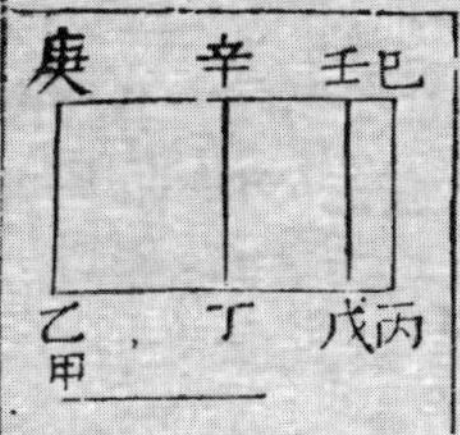

解曰。甲、與乙丙、兩線。如以乙丙三分之為乙丁、丁戊、戊丙。題言甲偕乙丙、矩線內直角形。與甲偕乙丁、甲偕丁戊、甲偕戊丙、三矩線內直角形并等

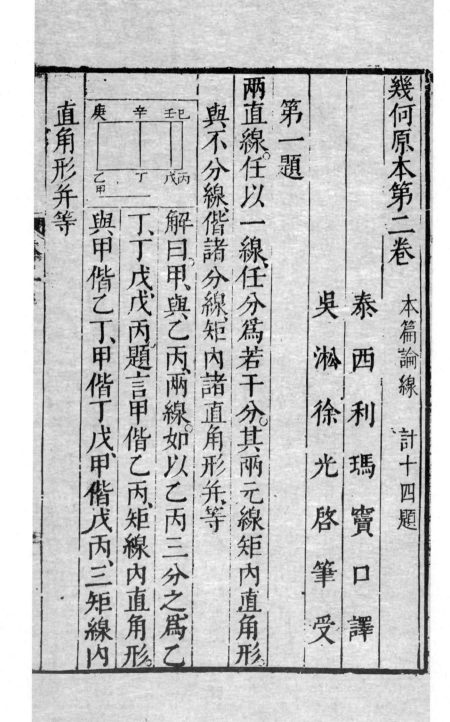

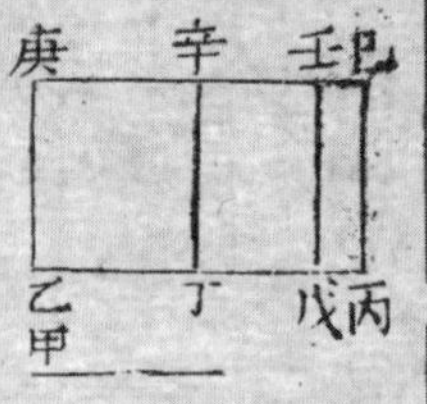

論曰試作乙巳直角形在乙丙偕等甲之巳丙矩線內作法于乙界作庚乙丙界作巳丙兩垂線俱與甲等爲平行次作庚巳直線與乙丙平行次于丁戊兩點作辛丁、壬戊兩垂線與庚乙、巳丙平行一卷卅三其辛丁、與庚乙、壬戊、與巳丙既平行則辛丁、與壬戊亦平行而辛丁、壬戊、與巳丙等即亦與甲等一卷卅四如此則乙辛直角形在甲偕乙丁矩線內丁壬直角形在甲偕丁戊矩線內戊巳直角形在甲偕戊丙矩線內并之則三矩內直角形與甲偕乙丙兩元線矩內直角形等

注曰二卷前十題皆言線之能也能者謂其上能爲直角形也如十尺

線。其上能爲百尺方形之類其說與筭數最近。故九卷之十四題俱以數明此十題之理。今未及詳。因題意難顯。畧用數明之。如本題設兩數當兩線。爲六爲十。以十任三分之。爲五爲三爲二。六乘十爲六十之一大實。與六乘五爲三十。及六乘三爲十八。六乘二爲十二之三小實幷等

第二題

一直線任兩分之。其元線上直角方形。與元線偕兩分線兩矩內直角形幷等

解曰。甲乙線任兩分于丙。題言甲乙上直角方形。與甲

乙偕甲丙、甲乙偕丙乙、兩矩線內直角形并

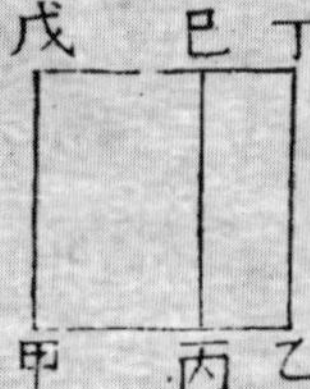

等

論曰。試於甲乙線上。作甲丁直角方形。從丙點作巳丙垂線。與甲戊、乙丁、平行。一卷卅一其甲戊、與甲乙既等。一卷卅四則甲巳直角形。在甲乙、甲丙、矩線內。乙丁、與甲乙、既等。則丙丁直角形。在甲乙、丙乙、矩線內。而此兩形并。與甲丁直角方形等

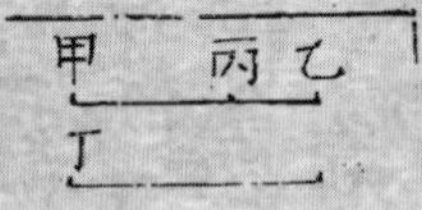

又論曰。試別作丁線。與甲乙等。其甲乙線。既任分於丙。則甲乙偕丁、矩線內直角形。即甲乙上直角方形與甲丙偕丁、丙乙偕丁、兩矩線內直角形并。等本篇一

注曰以數明之設十數任兩分之爲七爲三十乘七爲七十及十乘三爲三十之兩小實與十自之百一大幂等

第三題

一直線任兩分之其元線任偕一分線矩內直角形與分餘線偕一分線矩內直角形及一分線上直角方形并等

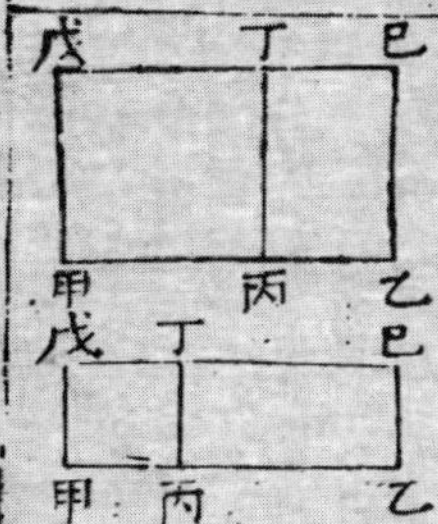

解曰甲乙線任兩分于丙題言元線甲乙任偕一分線如甲丙矩內直角形（不論甲丙爲長分爲短分）與分餘丙乙偕甲丙矩線內直角形

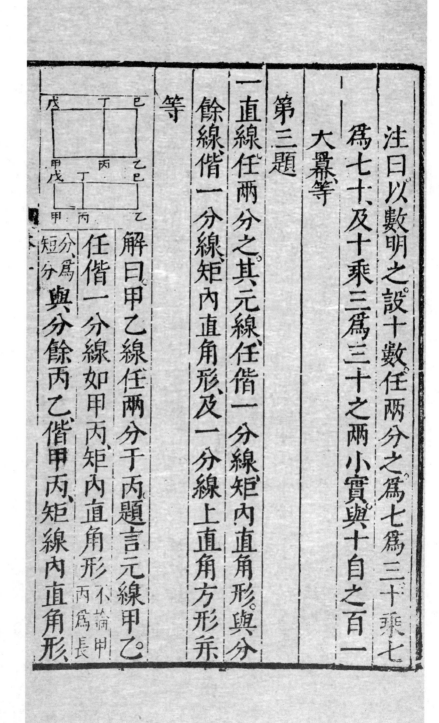

卷二 三

及甲丙上直角方形并等

論曰試作甲丁直角方形從乙界作乙巳垂線與甲戊平行一卷卅一而于戊丁引長之

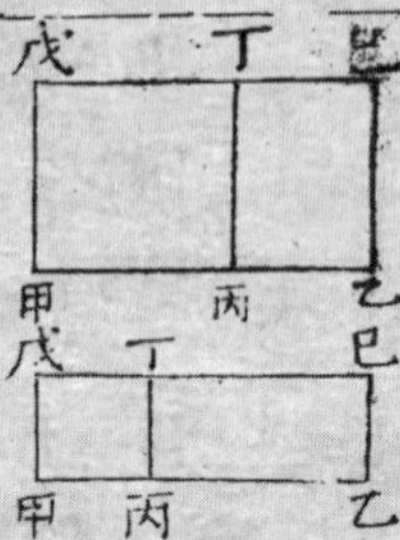

遇于巳其甲戊與甲丙等則甲巳直角形在元線甲乙偕一分線甲丙矩內丙丁與甲丙等則丙巳直角形在一分線甲丙偕分餘線丙乙矩內而甲巳直角形與甲丙丙乙矩線內丙巳直角形及甲丙上甲丁直角方形并等

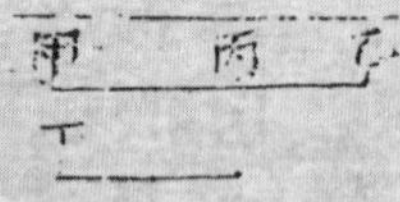

又論曰試別作丁線與一分線甲丙等其甲乙線既任分于丙則甲乙偕丁矩線內直角形即甲乙偕甲丙

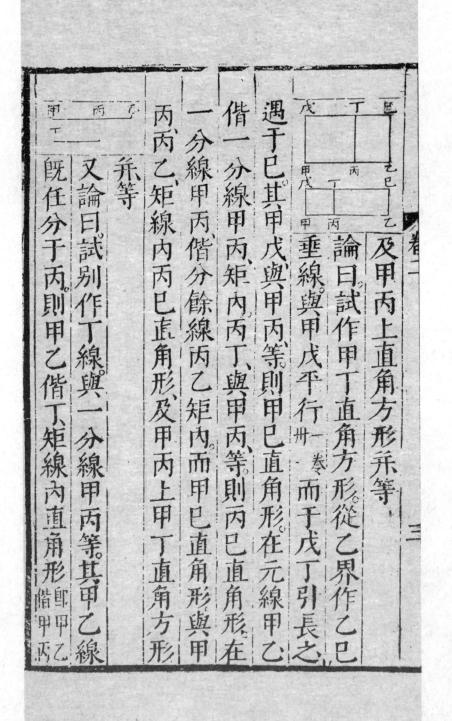

矩線內直角形與丁偕丙乙即甲丙偕丙乙丁偕甲丙即甲丙上直角方形兩矩線內直角形并等一本篇

注曰以數明之設十數任兩分之為七為三如前圖則十乘七為七十與七乘三之實二十一及七自之冪四十九并等如後圖十乘三為三十與七乘三之實二十一及三之冪九并等

第四題

一直線任兩分之其元線上直角方形與各分上兩直角方形及兩分互偕矩線內兩直角形并等

解曰甲乙線任兩分于丙題言甲乙線上直角方形與

甲丙丙乙線上兩直角方形。及甲丙偕丙乙、丙乙偕甲丙矩線內兩直角形并等

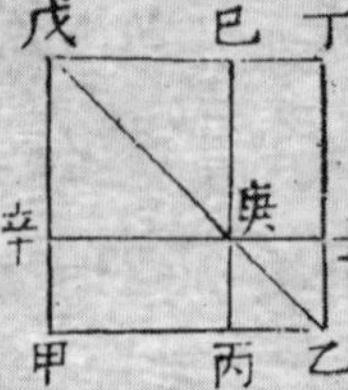

論曰試于甲乙線上作甲丁直角方形。次作乙戊對角線次從丙作丙巳線與乙丁平行。遇對角線于庚末從庚作辛壬線與甲乙平行。而分本形為四直角形。即甲乙戊角形之甲乙甲戊兩邊等。而甲乙戊與甲戊乙兩角亦等一卷五夫甲乙戊形之三角并與兩直角等一卷卅二而甲為直角。即甲乙戊甲戊乙皆半直角卷一卅二之二系依顯丁乙戊角形之丁乙戊丁戊乙兩角亦皆半直角。則戊巳庚外角與丙內角丁等為直角一卷廿九而巳戊庚

既半直角則巳庚巳戊等爲半直角矣角既等則巳庚巳戊兩邊亦等一卷六庚辛辛戊亦等一卷卅四而辛巳爲直角方形也依顯丙壬亦直角方形也又庚辛與甲丙兩對邊等一卷卅四而乙丙與庚丙俱爲直角方形邊亦等則辛巳爲甲丙線上直角方形丙壬爲丙乙線上直角方形也又甲庚及庚丁兩直角形各在甲丙丙乙矩線內也則甲丁直角方形與甲丙丙乙兩線上兩直角方形及兩線矩內兩直角形幷等矣

系從此推知凡直角方形之角線形皆直角方形

又論曰甲乙線既任分于丙則元線甲乙上直角方形

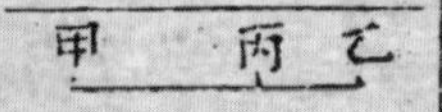

與元線偕各分線矩內兩直角形并等本篇二又甲乙偕甲丙矩線內直角形與甲丙偕丙乙矩線內直角形及甲丙上直角方形并等本篇三甲乙偕丙乙矩線內直角形與丙乙偕甲丙矩線內直角形及丙乙上直角方形并等本篇三則甲乙上直角方形與甲丙丙乙上兩直角方形及甲丙偕丙乙丙乙偕甲丙矩線內兩直角形并等

注曰以數明之設十數任兩分之為七為三十之冪百與七之冪四十九三之冪九及三七互乘之實兩二十一并等

第五題

一直線兩平分之。又任兩分之。其任兩分線矩內直角形及分內線上直角方形。并與平分半線上直角方形等

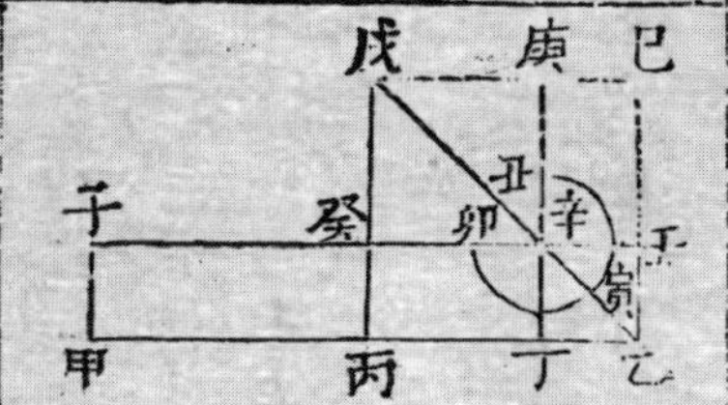

解曰：甲乙線兩平分于丙。又任兩分于丁。其丙丁為分內線（丙丁線者，丙乙所以大于丁乙之較。又甲丁所以大于甲丙之較。故曰分內線）。題言甲丁、丁乙矩線內直角形。及分內線丙丁上直角方形。并與丙乙線上直角方形等

論曰：試于丙乙線上作丙巳直角方形。次作乙戊對角線。從丁作丁庚線。與乙巳平行。遇對角線于辛。次從辛

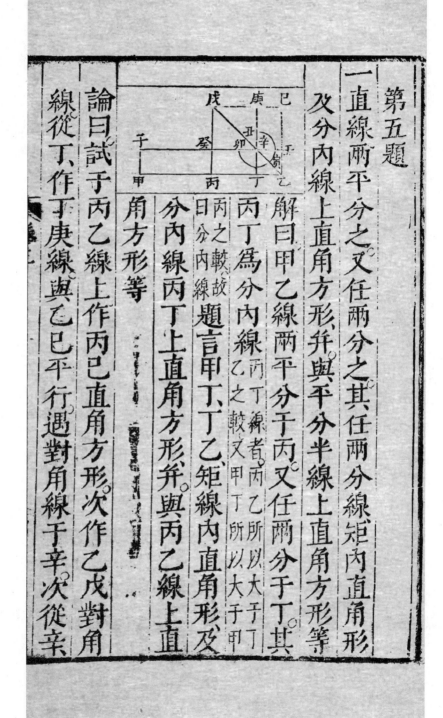

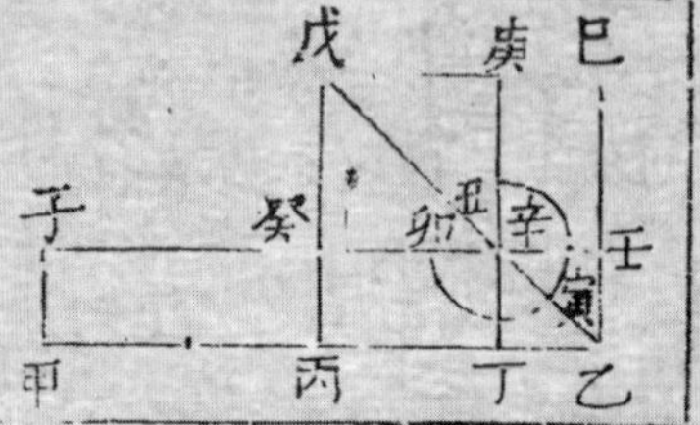

作壬癸線與丙乙平行次從甲作甲子線與丙戊平行末從壬癸線引長之遇于子夫丁壬癸庚皆直角方形（本篇四之系）而辛丁與丁乙兩線等（一卷卅四）癸辛與丙丁兩線等則甲辛直角形在任分之甲丁丁乙矩線內而癸庚爲分內線丙丁上直角方形也今欲顯甲辛直角形及癸庚直角方形并與丙巳直角方形等者于丙辛辛巳相等之兩餘方形（一篇四三）每加一丁壬直角方形即丙壬及丁巳兩直角形等矣而甲癸與丙壬兩形同在平行線內又底等即形亦等（一卷卅六）則甲癸與丁巳亦等也即又

毎加一丙辛直角形。則丑寅卯罄折形。豈不與甲辛等。次于罄折形。又加一癸庚直角方形。豈不與丙巳直角方形等也。而甲辛、癸庚、兩形并。亦與丙巳等也。則甲丁、丁乙、矩線內直角形。及丙丁上直角方形。并與丙乙上直角方形等。

注曰。以數明之。設十數。兩平分之。各五。又任分之。為八、為二。則三為分內數（三者。五所以大于二之較。又八所以大于五之較。）二八之實十六、三之羃九。與五之羃二十五等。

第六題

一直線。兩平分之。又任引增一直線。共為一全線。其全線

借引增線矩內直角形及半元線上直角方形并與半元線借引增線上直角方形等

解曰甲乙線兩平分于丙又從乙引長之增乙丁與甲乙通爲一全線題言甲丁借乙丁矩線內直角形及半元線丙乙上直角方形并與丙丁上直角方形等

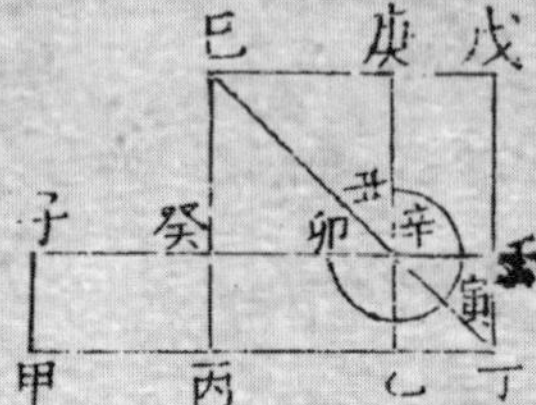

論曰試于丙丁上作丙戊直角方形次作丁巳對角線從乙作乙庚線與丁戊平行遇對角線于辛次從辛作壬癸線與丙丁平行次從甲作甲子線與丙巳平行末從壬癸線引長之遇于子夫乙壬癸庚皆直角方形本篇

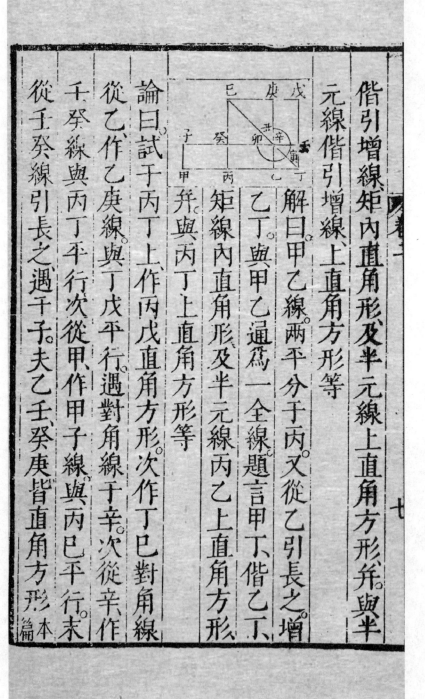

四之系而乙丁、與丁壬兩線等（一卷卅四）癸辛、與丙乙、兩線等。則甲壬直角形。在甲丁、偕乙丁、矩線內。而癸庚為丙乙上直角方形也。今欲顯甲壬直角形、及癸庚直角方形并。與丙戊直角方形等者。試觀甲癸、與丙辛、兩直角形同在平行線內。又底等。即形亦等（一卷卅六）而丙辛、與辛戊等（一卷四三）則辛戊、與甲癸、亦等。即又每加一丙壬直角形則丑寅卯罄折形。與甲壬等。夫罄折形。加一癸庚形。本與丙戊直角方形等也。即甲壬、癸庚兩形并。亦與丙戊等也。則甲丁、乙丁、矩線內直角形、及丙乙上直角方形、并。豈不與丙丁上直角方形等

注曰。以數明之。設十數兩平分之。各五。又引增二。共十二。二乘之爲二十四。及五之冪二十五。與七之冪四十九。等

第七題

一直線。任兩分之。其元線上。及任用一分線上。兩直角方形。并。與元線。偕一分線。矩內直角形二。及分餘線上直角方形。并。等

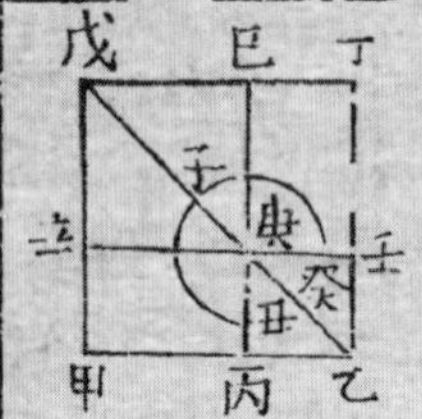

解曰。甲乙線。任分于丙。題言元線甲乙上。及任用一分線。如甲丙上。兩直角方形。并（不論甲丙爲長分。爲短分。）與甲乙偕甲丙矩內直角形二。及分

餘線丙乙上直角方形并等

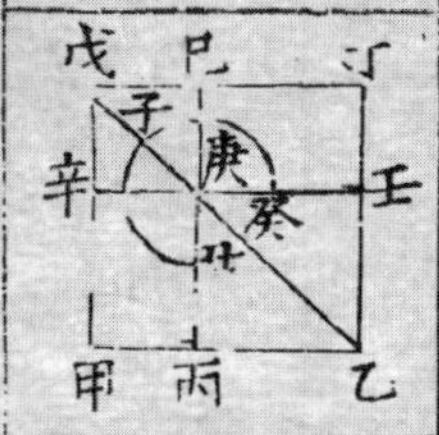

論曰。試于甲乙上、作甲丁直角方形。次作乙戊對角線。從丙作丙巳線。與乙丁平行。遇對角線于庚。末從庚作辛壬線。與甲乙平行。夫辛巳丙壬、皆直角方形本篇四之系而辛庚與甲丙等一卷卅四卽辛巳爲甲丙上直角方形也。又甲戊與甲乙等。卽甲巳直角形、在甲乙偕甲丙、矩線內也。又戊丁、丁壬、與甲乙、甲丙、各等。卽辛丁直角形、亦在甲乙偕甲丙、矩線內也。夫甲巳、巳壬、兩直角形卽癸子丑磬折形及丙壬直角方形。并。本與甲丁直角方形等。今于甲巳、辛丁、兩直角形并。加一丙壬

直角方形即與甲丁直角方形加一辛巳直角方形等矣則甲乙甲丙矩線內直角形二及丙乙上直角方形并與甲乙上直角方形及甲丙上直角方形并等也

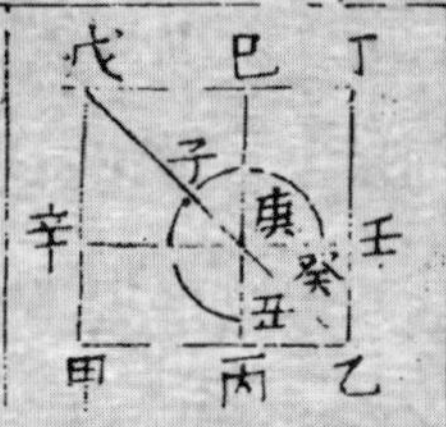

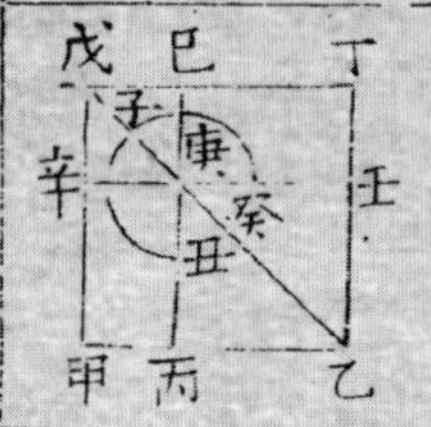

注曰以數明之設十數任分之為六為四如前圖十之冪百及六之冪三十六并與十六互乘之兩實百二十及四之冪十六等如後圖十之冪百及四之冪十六并與十四互乘之兩實八十及六之冪三十六等

第八題

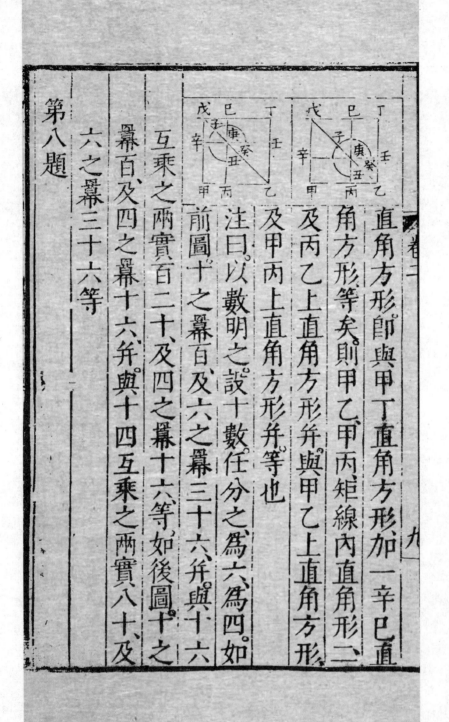

一直線任兩分之其元線偕初分線矩內直角形四及分餘線上直角方形并與元線偕初分線上直角方形等

解曰甲乙線任分于丙題言元線甲乙偕初分線丙乙矩內直角形四（不論丙乙爲長分爲短分）及分餘線甲丙上直角方形并與甲乙偕丙乙上直角方形等

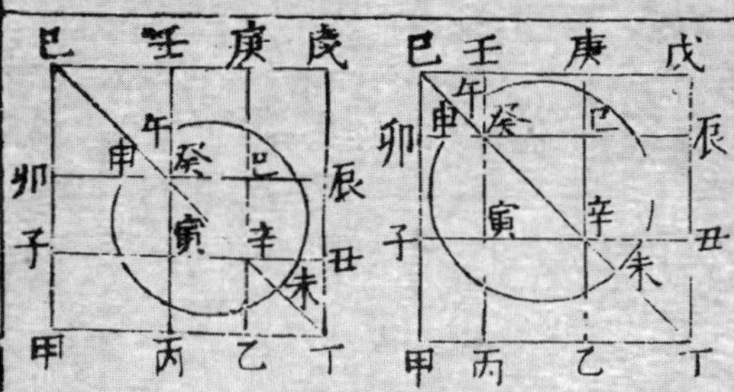

論曰試以甲乙線引增至丁而乙丁與丙乙等于全線上作甲戊直角方形次作丁巳對角線從乙作乙庚線與丁戊平行遇對角線于辛次從丙作丙壬線與甲巳平

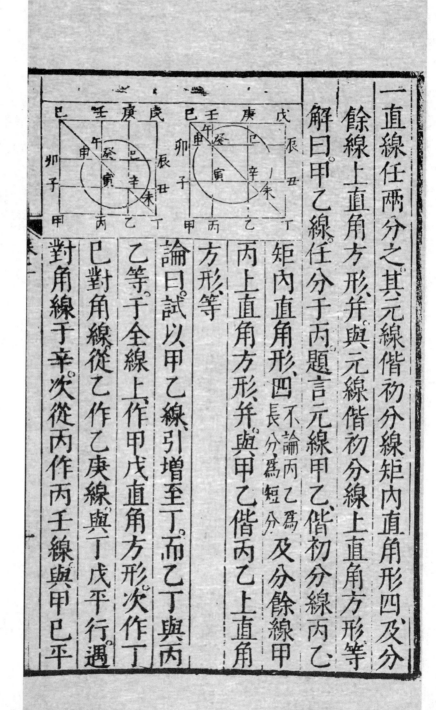

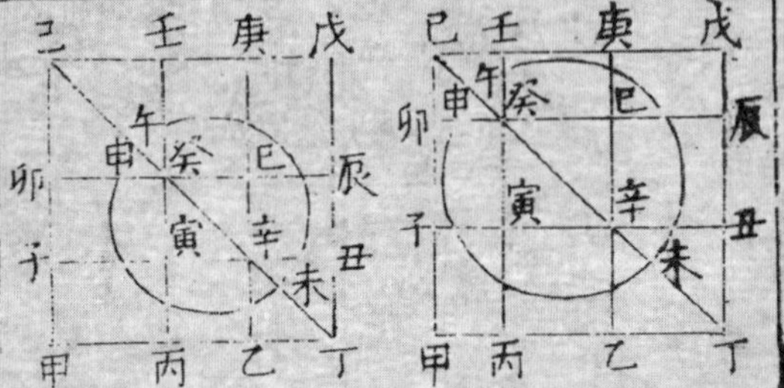

行。遇對角線于癸。次從辛作子丑線。與甲丁平行。遇丙壬于寅。末從癸作卯辰線。與戊巳平行。遇乙庚于巳。其卯壬、寅巳、乙丑、俱角線方形（一卷卅四之系）而卯癸、與甲丙、兩線等（一卷卅四）卽卯壬爲甲丙上直角方形。又寅辛、與丙乙、兩線等（一篇卅四）卽寅巳爲丙乙上直角方形。與乙丑等（丙乙與乙丁等故）又乙辛、辛巳、兩線。亦各與丙乙等。而甲辛、子巳、兩直角形。各在甲乙、丙乙、矩線內。卽等（子辛與甲乙等故）寅庚、辛戊、兩直角形。亦各在甲乙、丙乙、矩線內。卽又等（寅辛、辛丑。與丙乙、乙丁等。辛庚、丑戊、與等甲乙）

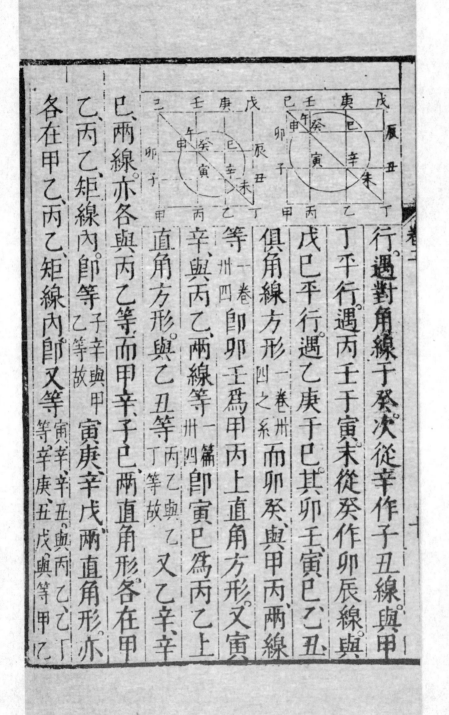

之子辛等故寅巳既與乙丑等而每加一癸庚即乙丑癸庚并與寅庚又等是甲辛一子巳二辛戊三乙丑四癸庚五五直角形并爲午未申罄折形與元線甲乙偕初分線丙乙矩內直角形四等而午未申罄折形及卯壬直角方形本與甲戊直角方形等則甲乙乙丙矩線內直角形四及甲丙上直角方形并與甲乙偕丙乙上直角方形等

注曰以數明之設十數任分之爲六爲四如前圖十六互乘之實四爲二百四十及四之冪十六共二百五十六與十六之冪等如後圖十四互乘之實四爲

一百六十及六十六之冪三十六共一百九十六與十四
之冪等

第九題

一直線兩平分之又任兩分之任分線上兩直角方形并
倍大于平分半線上及分內線上兩直角方形并

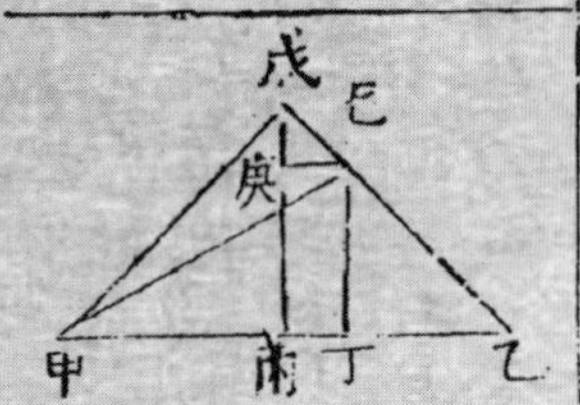

解曰甲乙線平分于丙又任分于丁題言甲
丁丁乙上兩直角方形并倍大于平分半線
甲丙上分內線丙丁上兩直角方形并
論曰試于丙上作丙戊垂線與甲丙等次作
甲戊戊乙兩腰次從丁作丁巳垂線遇戊乙于巳從巳

作巳庚線。與甲乙平行。遇戊丙于庚。末作甲巳線。其甲丙戊角形之甲丙、丙戊、兩腰等。卽丙戊甲、丙甲戊、兩角亦等一卷五而甲丙戊爲直角。卽餘兩角皆半直角一卷卅二之系依顯丙戊乙、亦半直角。又戊庚巳角形之戊庚巳角。爲戊丙乙之外角。卽亦直角一卷廿九而庚戊巳半直角。卽庚巳戊、亦半直角一卷卅二之系又庚戊巳、庚巳戊兩角等。卽庚戊、庚巳、兩腰亦等一卷六依顯丁乙巳角形之丁乙、丁巳、兩腰亦等。夫甲丙戊角形之丙爲直角。卽甲戊線上直角方形。與甲丙、丙戊線上兩直角方形幷等一卷四七而甲丙、丙戊、上兩直角方形、自相等。卽甲戊上直角方形。

倍大于甲丙上直角方形矣。又戊庚巳角形之庚爲直角。卽戊巳線上直角方形。與庚戊、庚巳線上兩直角方形幷等（一卷四七）而庚戊、庚巳上兩直角方形自相等。卽戊巳上直角方

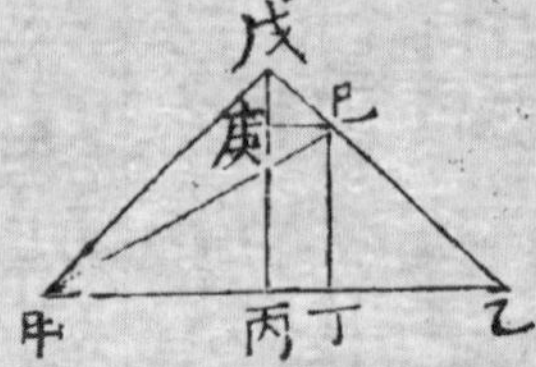

形。倍大于等庚巳之丙丁上直角方形矣（庚巳丙丁爲丙巳直角形之對邊故。見一卷卅四）則是甲戊、戊巳上兩直角方形幷倍大于甲丙、丙丁上兩直角方形幷也。又甲巳上直角方形。既等于甲戊、戊巳上兩直角方形幷。又等于甲丁、丁巳上兩直角方形幷（一篇四七）則甲丁、丁巳上兩直角方形幷亦倍大于甲丙、丙丁上兩直角方形幷矣。而丁巳與丁乙

等。則甲丁、丁乙、上兩直角方形、并。豈不倍大于甲丙、丙丁上兩直角方形、并也

注曰。以數明之。設十數。兩平分之、各五。又任分之爲七、爲三。分內數二。其七之冪四十九、及三之冪九、倍大于五之冪二十五、及二之冪四

第十題

一直線。兩平分之。又任引增一線。共爲一全線。其全線上及引增線上、兩直角方形、并。倍大于平分半線上及分餘半線偕引增線上、兩直角方形、并

解曰。甲乙直線。平分于丙。又任引增爲乙丁。題言甲丁

線上、及乙丁線上兩直角方形、并。倍大于甲丙線上、及丙丁線上、兩直角方形、并

論曰。試于丙上作丙戊垂線。與甲丙等。自戊至甲、至乙。各作腰線。次從丁作巳丁垂

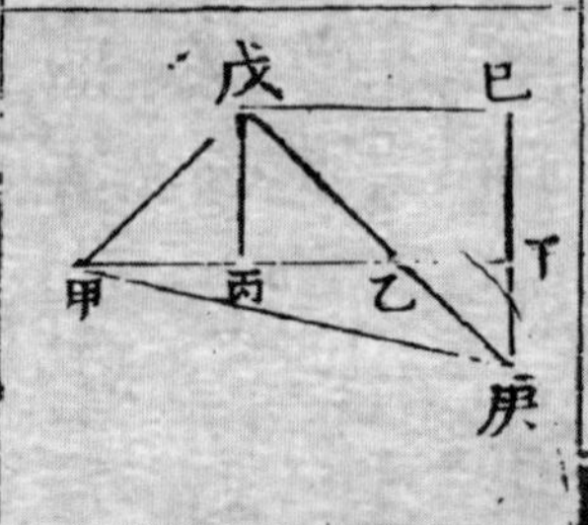

線、引長之。又從戊乙引長之。遇于庚。次作戊巳線。與丙丁平行。末作甲庚線。依前題論、推顯甲戊乙為直角。而丙戊乙為半直角。即相對之戊庚巳、亦半直角一卷廿九又巳為直角一卷卌四即巳戊庚亦半直角一卷卌二而巳戊、巳庚、兩腰必等一卷六依顯乙丁、丁庚、兩腰亦等。夫甲戊上直角方形。等于甲丙、丙戊、上兩直角方形、并一卷四七必倍大

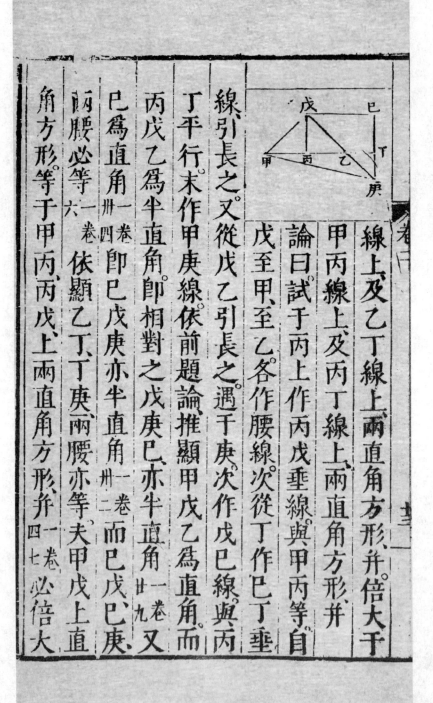

于甲丙上直角方形。而戊庚上直角方形。等于戊巳、巳庚上兩直角方形。并卷一四七必倍大于對戊巳邊之丙丁上直角方形卷一卅四則甲戊、戊庚上兩直角方形。并。倍大于甲丙、丙丁、上兩直角方形。并也。又甲庚上直角方形。等于甲戊、戊庚上兩直角方形。并。亦等于甲丁、丁庚上兩直角方形。并。則甲丁、丁庚上兩直角方形。并。亦倍大于甲丙、丙丁、上兩直角方形。并也。而甲丁、乙丁、上兩直角方形。并。倍大于甲丙、丙丁、上兩直角方形。并矣。與丁庚乙丁等故

注曰。以數明之。設十數。平分之。各五。又任增三。爲十

三十三之冪一百六十九及三之冪九倍大于五之冪二十五及八之冪六十四也

第十一題

一直線求兩分之而元線偕初分線矩內直角形與分餘線上直角方形等

法曰甲乙線求兩分之而元線偕初分小線矩內直角形與分餘大線上直角方形等先于甲乙上作甲丙直角方形次以甲丁線兩平分于戊次作戊乙線次從戊甲引增至巳而戊巳線與戊乙等末于甲乙線截取甲庚與甲巳等即

甲乙偕庚乙矩線內直角形。與甲庚上直角方形等。如所求

論曰。試于庚上作壬辛線。與丁巳平行。次作巳辛線。與甲庚平行。其壬庚與丙乙等。即與甲乙等。而庚丙直角形。在甲乙偕庚乙矩線內也。又甲庚與甲巳等。而甲爲直角。即巳庚爲甲庚上直角方形也（一卷卌四）今欲顯庚丙直角形。與巳庚直角方形等者。試觀甲丁兩平分于戊。而引增一甲巳。是丁巳偕甲巳、矩線內直角形（即丁辛直角形）及甲戊上直角方形、并與等戊巳之戊乙上直角方形等（本篇六）夫戊乙上直角方形。等于甲戊、甲乙、上兩直角

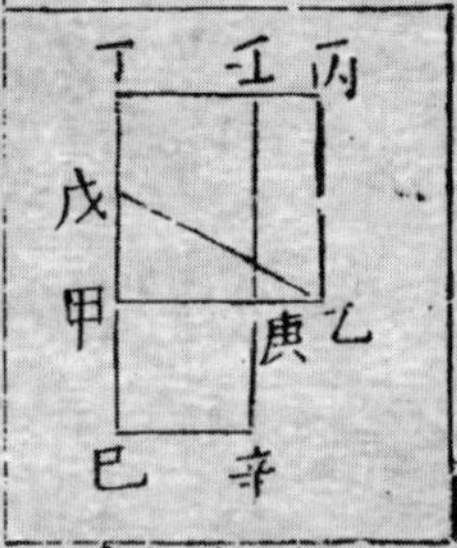

方形、幷（一卷四十）即丁辛直角形、及甲戊上直角方形、幷。與甲戊。甲乙、上兩直角方形幷、等矣。次各減同用之甲戊上直角方形。即所存丁辛直角形。不與甲乙上甲丙直角方形等乎。此二率者。又各減同用之甲壬直角形。則所存巳庚直角方形。與庚丙直角形等。而甲乙偕庚乙、矩線內直角形。與甲庚上直角方形等也

注曰。此題無數可解。說見九卷十四題

第十二題

二邊鈍角形之對鈍角邊上直角方形。大于餘邊上兩直

角方形并之較。為鈍角旁任用一邊、偕其引增線之與、
對角所下垂線相遇者、矩內直角形二

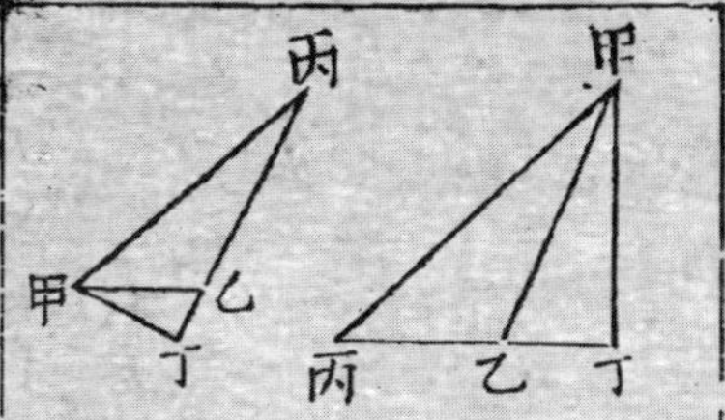

解曰。甲乙丙三邊鈍角形。甲乙丙為鈍角。從
餘角如甲、下一垂線。與鈍角旁一邊如丙乙
之引增線、遇于丁。為直角。題言對鈍角之甲
丙邊上直角方形。大于甲乙、乙丙、邊上兩直
角方形并、之較、為丙乙偕乙丁。矩線內直角
形二。反說之。則甲乙、乙丙、上兩直角方形、及丙乙偕乙
丁、矩線內直角形二、并。與甲丙上直角方形、等
論曰。丙丁線。旣任分于乙。即丙丁上直角方形。與丙乙

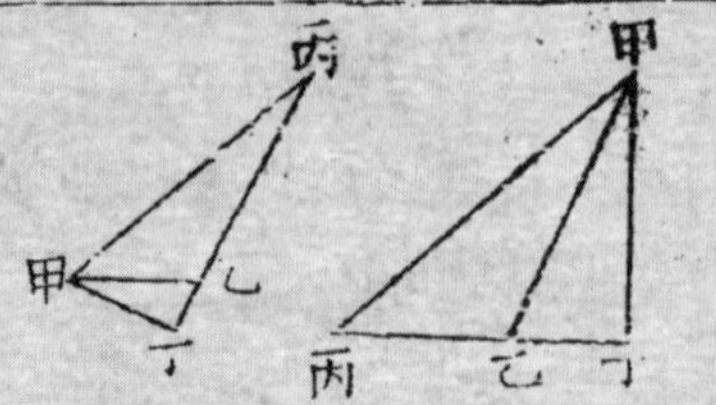

乙丁上兩直角方形及丙乙偕乙丁矩線內直角形二并等（本篇四）此二率者每加一甲丁上直角方形即丙丁甲丁上兩直角方形并與丙乙乙丁甲丁上直角方形三及丙乙偕乙丁矩線內直角形二并等也夫甲丙上直角方形等于丙丁甲丁上兩直角方形并（一卷四七）即亦等于丙乙乙丁甲丁上直角方形三及丙乙偕乙丁矩線內直角形二并也又甲乙線上直角方形既等于乙丁甲丁上兩直角方形并（一卷四七）即甲丙上直角方形與甲乙丙乙上兩直角方形及丙乙偕乙丁矩線內直角形

二幷等矣

第十三題

三邊銳角形之對銳角邊上直角方形。小于餘邊上兩直角方形幷之較。爲銳角旁任用一邊、偕其對角所下垂線旁之近銳角分線、矩內直角形二

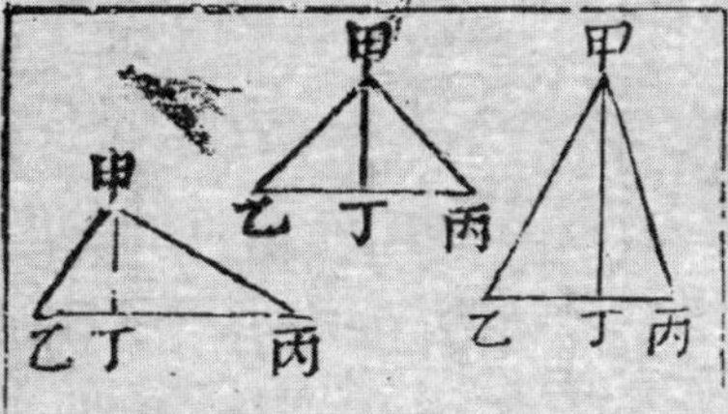

解曰甲乙丙三邊銳角形。從一角如甲、向對邊乙丙下一垂線。分乙丙于丁。題言對甲丙乙銳角之甲乙邊上直角方形。小于乙丙、甲丙邊上兩直角方形幷之較。爲乙丙偕丁丙、矩線內直角形二。反說之。則乙丙、甲丙、上兩

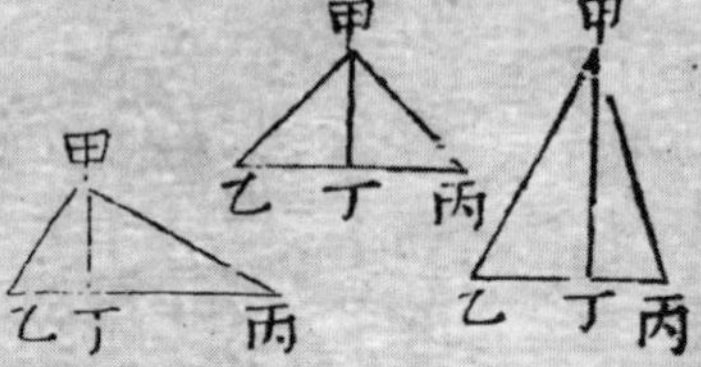

直角方形、并。與甲乙上直角方形、及乙丙偕丁丙、矩線內直角形二、并等

論曰。乙丙線。既任分于丁。即乙丙、丁丙、上兩直角方形、并。與乙丙偕丁丙、矩線內直角形二、及乙丁上直角方形、并、等（本篇七）此二率者。每加一甲丁上直角方形。即乙丙、丁丙、甲丁、上直角方形三、與乙丙偕丁丙、矩線內直角形二、及乙丁、甲丁、上兩直角方形、并、等也。又甲丙上直角方形。等于丁丙、甲丁、上兩直角方形、并（一卷四七）即乙丙、甲丙、上兩直角方形。并與乙丙偕丁丙、矩線內直角形二、及乙丁、甲丁、上兩

直角方形、并、等也。又甲乙上直角方形。等于乙丁、甲丁、上兩直角方形并。（一卷四七）即乙丙、甲丙、上兩直角方形并。與乙丙偕丁丙、矩線內直角形二、及甲乙上直角方形并、等。反說之、則甲乙上直角方形。小于乙丙、甲丙、上兩直角方形并者、爲乙丙偕丁丙、矩線內直角形二也

注曰題中止論銳角形。不言直角、鈍角形、而直角鈍角形中。俱有兩銳角（一卷十七卅二）即對銳角邊上形。亦同此論（如第二第三圖是）但三銳角形、所作垂線。任用一角而直角形、必用直角。鈍角形、必用鈍角。此爲異耳（直角鈍角形。不用直角鈍角。不能作垂線）

第十四題

有直線形。求作直角方形。與之等

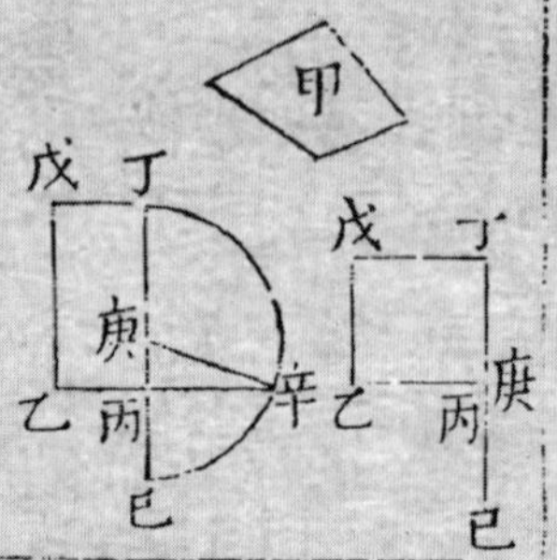

法曰。甲直線無法四邊形。求作直角方形。與之等。先作乙丁形。與甲等。而直角（一卷四五）次任用一邊引長之。如丁丙引之至巳。而丙巳與乙丙等。次以丁巳兩平分于庚。其庚點或在丙點。或在丙點之外。若在丙。即乙丁是直角方形。與甲等矣（蓋丙巳與乙丙等。又與丙丁等。而餘邊俱相等。故乙丁為直角方形。見一卷卅四）若庚在丙外。即以庚為心。丁巳為界。作丁辛巳半圜。末從乙丙線引長之。遇圜界于辛。即丙辛上

直角方形、與甲等

論曰。試自庚至辛、作直線。其丁巳線既兩平分于庚。又任兩分于丙。則丁丙偕丙巳、矩內直角形即乙丁直角形。蓋丙巳與乙丙等故及庚丙上直角方形幷。與等庚巳之庚辛上直角方形等本篇五夫庚辛上直角方形。等于庚丙、丙辛、上兩直角方形幷一卷四七即乙丁直角形、及庚丙上直角方形幷。與庚丙、丙辛、上兩直角方形幷、等。次各減同用之庚丙上直角方形。則丙辛上直角方形。與乙丁直角形等

增題。凡先得直角方形之對角線所長于本形邊之較。而求本形邊

法曰：直角方形之對角線，所長于本形邊之較爲甲乙，而求本形邊。先于甲乙上作甲丙直角方形，次作乙丁對角線，又引長之，爲丁戊線，而丁戊與甲丁等，即得乙戊線，如所求。

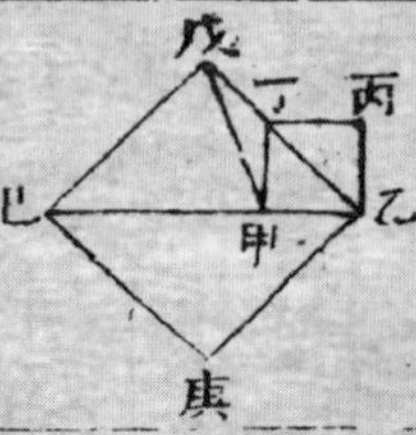

論曰：試于乙戊作戊巳垂線，從乙甲線引長之，遇于巳。其乙戊巳既直角，而戊乙巳爲半直角，一卷卅二即戊巳乙亦半直角，而戊乙與戊巳兩邊等。一卷六次作巳庚與戊乙平行，作乙庚與戊巳平行，即戊庚形爲戊乙邊上直角方形也。末作戊甲線，即丁戊甲、丁甲戊兩角等也。一卷五夫乙戊巳、丁甲巳既兩皆直角，試毎

減一相等之丁戊甲、丁甲戊角、即所存巳戊甲、巳甲戊、兩角必等。而巳戊、巳甲、兩邊必等（一卷六）則乙巳對角線。大于乙戊邊之較。爲甲乙矣　此增不在本書。因其方形。故類附于此

幾何原本第二卷終